郵政腐敗
日本型組織の失敗学

藤田知也

光文社新書

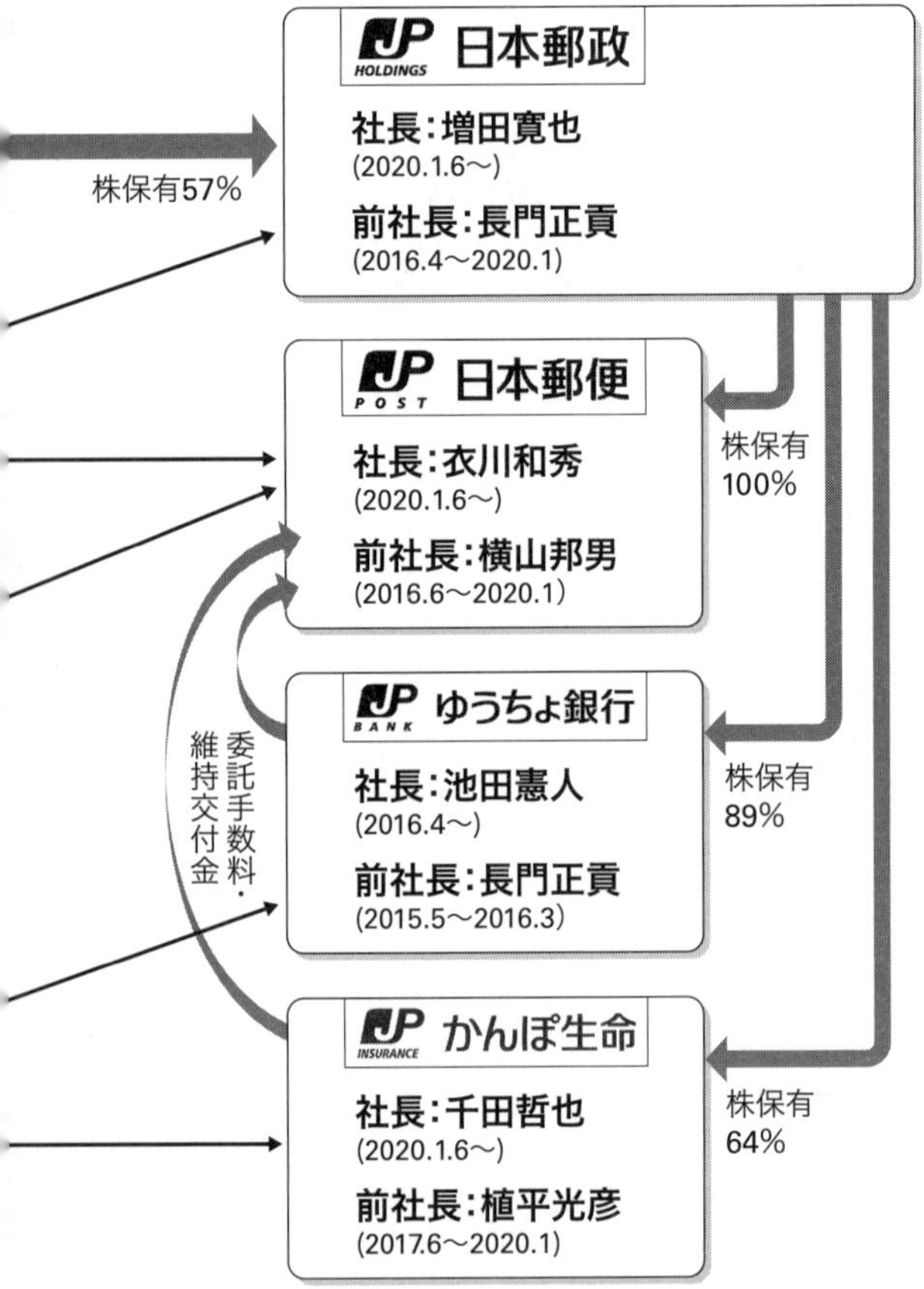

日本郵政
HOLDINGS
社長：増田寛也
(2020.1.6〜)
前社長：長門正貢
(2016.4〜2020.1)
株保有57%
日本郵便
POST
社長：衣川和秀
(2020.1.6〜)
前社長：横山邦男
(2016.6〜2020.1)
株保有
100%
ゆうちょ銀行
BANK
社長：池田憲人
(2016.4〜)
前社長：長門正貢
(2015.5〜2016.3)
株保有
89%
かんぽ生命
INSURANCE
社長：千田哲也
(2020.1.6〜)
前社長：植平光彦
(2017.6〜2020.1)
株保有
64%
委託手数料・
維持交付金

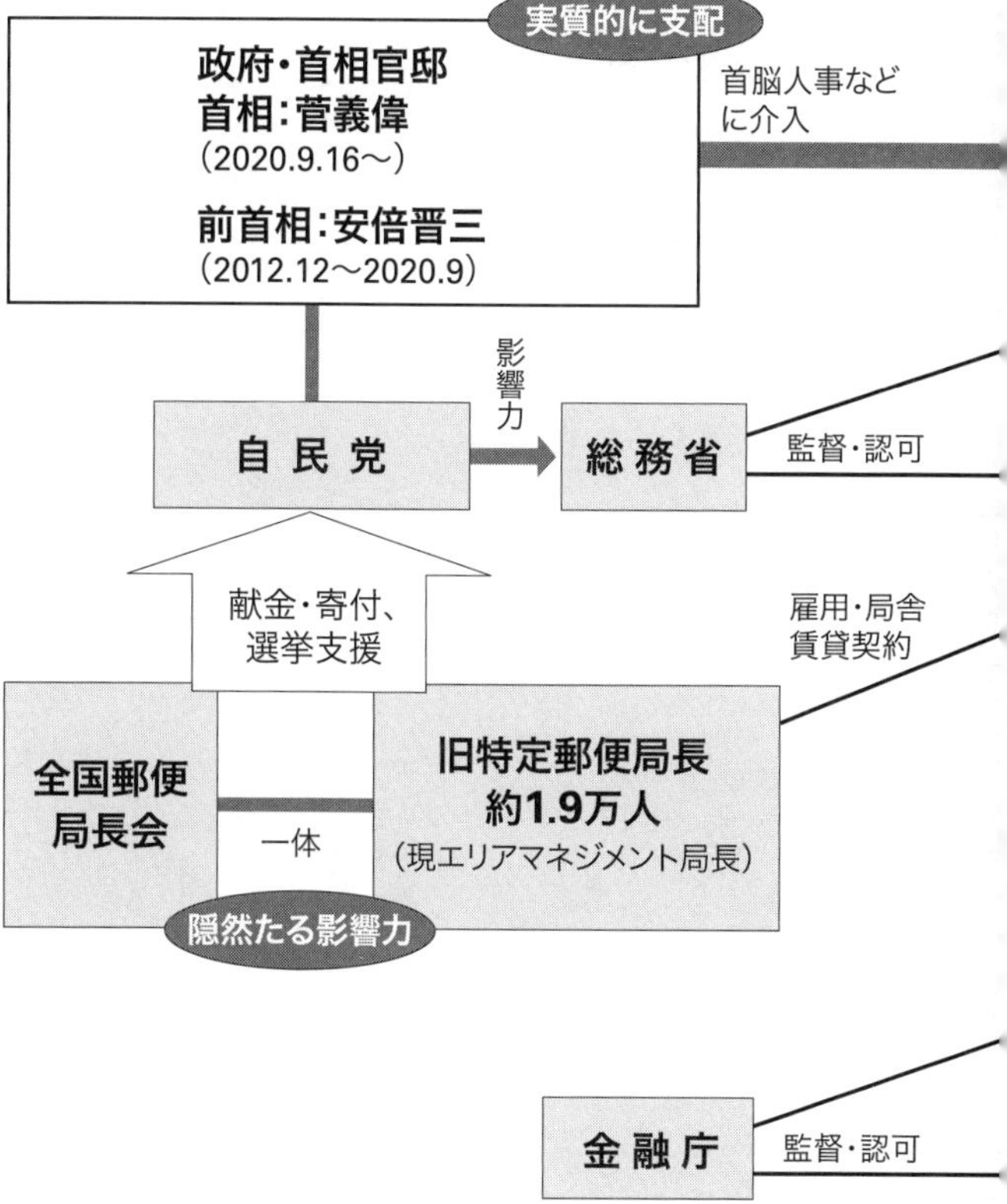

※いずれも2020年12月末時点

日本郵政グループのいびつな経営構造

はじめに――日本企業の悪弊の縮図

こんな会社に誰がした？

生真面目な郵便局員が実績と手当を稼ぐため、独り身の高齢女性をつけ狙い、欲しくもない保険を売りつける――。

そんな事例をひとつ目《ま》の当たりにするだけで、普通の感覚なら相当なショックを受けるはずだが、日本郵政グループの経営幹部たちは悠然としていた。

２０１８年春のＮＨＫ番組で、70代後半の女性顧客が強引に保険を売りつけられたと訴え、「郵便局は嫌。信頼できない」と悔しそうに語る姿が放映された。

だが、郵政グループは報じられた被害者の話を聞き直すこともなく、被害をただ漫然と放置した。あれはごく一部の悪質な事例なんだと、調べもせずに都合よく決めつけ、不正を防ぐための対策は万全なのだとアピールもしてみせた。

そもそも一つや二つの事例を持ち出し、まるで郵便局員全員が悪いかのように言うのは偏向報道だ、と逆ギレする幹部さえいた。

狂った感覚だと言うほかない。

すでに郵便局の現場では、顧客のニーズや利益を無視した保険販売が横行していた。インストラクターと呼ばれる指導役が不正な手法を広め、入社してすぐに教わる不正販売こそ〝正しいやり方〟と信じ込む郵便局員を育てて野に放っていた。主要幹部が共有するデータには、不正と疑われる契約が年に万単位で出現し、ＮＨＫの報道後も拡大していた。

顧客からの苦情で不正がバレそうになっても、郵便局員が否認すれば不正とは認めず、金融庁にも届けないという末恐ろしい運用がまかり通った。お金だけはあっさりと返し、被害者をなだめることが〝救済〟だと放言する経営者もいた。根拠のない楽観論にすがる一方で、ＮＨＫには経営陣が率先して熾烈《しれつ》な抗議を展開し、続報が出るのを封じ込めた。

組織を挙げて不正の隠蔽と矮小化を重ね、問題が表面化するのを無理やり抑え込んだ。その結果、不正が膨れ上がり、顧客や現場の郵便局員の不満と怒りが限界を超えて噴出する事態にまで発展したのだ。

こんな会社組織が一体どのようにして形成されるのだろうか。

「不祥事を起こす企業」の共通項

東芝やオリンパス、日産自動車、神戸製鋼所、関西電力といった日本の伝統的な〝一流企業〟で近年、大規模な不祥事が相次いで発覚している。そこには、いくつかの共通項が見て取れる。

終身雇用を背景にした組織の「同質性」があり、異なる意見や考えを許さない「同調圧力」が働きやすい。上司の顔色を気にして行動する「忖度《そんたく》」がフル回転し、歪《ゆが》んだ「上意下達」が形成されやすい。「縦割り」や「前例踏襲」「お役所仕事」「指示待ち」といった特徴も積み重なり、組織をじわじわと腐らせていく。

古びた成功体験を引きずる経営者が、環境変化に適応できず、無理な数字や目標を無邪気に掲げる。根っからの「ノルマ体質」や「数字至上主義」にも煽《あお》られて不正が誘発され、やがて感覚が麻痺して当たり前になっていく。

東証一部上場の一流企業だけに、コンプライアンスや企業ガバナンスといった取り組みには積極的だ。立派な肩書の社外取締役を迎え、もっともらしい部署が定期的に会議を開くが、こだわるのは「形」ばかりで、見た目は〝一流〟でも中身がともなっていない。ルールも形式的に守られることが重視され、少しでもはみ出ると叱責を招く一方、ルールすれすれの行為で問題が生じても見過ごされやすい。せっかくの監査体制も見せかけの「はりぼて」で、不祥事を予防する機能が備わっていない。

日本郵政——日本企業の悪弊の縮図

そうした旧来型の日本企業の悪弊を詰め込んだ「縮図」となっているのが、全国の郵便局を束ねる日本郵政グループである。

グループの一翼を担うゆうちょ銀行でも、預けたお金を理不尽に奪われる被害を長く放置していたことが発覚した。経営陣が雁首《がんくび》をそろえる会議で報告を受けながら、被害者を救おうと誰も言い出さない構図は、かんぽ生命ともよく似ている。全国で数百人の管理職社員がウソの記録を捏造《ねつぞう》しまくる不正が発覚し、実態や動機を本社幹部が覆い隠そうとする事例もあった。経営者の資質の問題ばかりでなく、ミスや間違いを決して認めないメカニズムが上層部の間にも働いているようだ。

浮世離れした感覚は、官営の時代が長く、要職の多くを旧郵政キャリア官僚が占めることも無縁ではない。間違いやミスは許されないという思想のもとで、上の言うことは否定せず、何があってももっともらしく打ち返す答弁能力が評価される「官僚体質」が今も健在だ。

ノンキャリの職場も同様で、「協調性」や「絆」を合言葉に、組織の和を乱す行為は疎まれる。「指示は絶対」と言わんばかりの重圧がある。間違った指示でも、同調しなければ職場に居づらくなる。おかしいと思っても声を上げられない空気が、本社や支社から現場の郵便局にまで行き渡っている。

一部の職場には「体育会気質」が残り、パワハラの温床となっている。罵声や怒声は当たり前、モノが飛ぶことも珍しくない。熾烈な圧迫で恐怖政治が敷かれると、「怒られないこと」が最優先となる。不正を本社などへ通報する者がいれば、知らせを聞いた上司が〝犯人捜し〟に動き、通報者が特定されて報復される。人事で飛ばされるのはマシなほうで、心を患って休職や退職に追いやられるケースが後を絶たない。「ブラック」を絵に描いたような光景がそこここに残る。

マネしてはいけない「失敗のお手本」

週刊誌の事件記者だった私は9年前、縁あって全国紙の経済部に移った。金融業界を取材する機会にも恵まれ、そこで二つの不祥事を目の当たりにした。

一つは、スルガ銀行の投資用不動産融資を舞台にした大規模な不正の横行。もう一つは、政府系金融機関である商工中央金庫（商工中金）が国の制度融資を悪用して補助金をだまし取った事件だ。どちらも実績を稼ぐために融資資料が偽造・捏造されまくり、条件を満たさないデタラメな融資が多くの拠点で実行されるという組織的な不祥事だった。

日本銀行が２０１３年春に始めた異常な大規模緩和による超低金利環境のもと、収益を圧迫される金融機関が旧態依然の営業目標にこだわり続けたことが、無理な融資や強引な勧誘の誘因となった。環境変化に経営陣が対応できず、歯止めをかけるべきコンプライアンスや企業ガバナンスが機能していなかった点は、かんぽ問題とも共通している。

ただし、過去の二つの事件とかんぽ問題では、問題が発覚したあとにたどる道が、まったく異なっている。

スルガ銀行や商工中金では、問題の原因を特定する目的で設置された第三者委員会が、実態を徹底的に解明して課題を洗い出した。過去のメールや会議録といったデータを丹念に調べ、責任を免れようと言い逃れをする幹部たちに証拠を突きつけながら事実認定を進め、根本的な原因を特定しようとした。根本原因が明確になれば、有効な再発防止策が浮かび、事業を立て直す道筋が見えてくる。

日本郵政グループがたどる道は、対照的だ。理屈をこねて逃げを打つ経営幹部たちに厳しい調査や追及が及ぶことはなく、実態の解明も原因の特定も不十分だった。中途半端な検証の代償として、不正に走らされた現場の郵便局員には解雇を含む厳罰を科す一方、不正を指南した管理職や実態を知り得た幹部たちは重い処分を免れている。

社会的な批判をあれほど浴びながら、それでもめげずに、粘り強く問題の矮小化を試み、失敗の責任をなんとか免れ、形ばかりの対策を上塗りしている。膿《うみ》を出し切る覚悟や誠実さが欠けていて、その場しのぎの「ケジメ」をつけることで、眼前の批判が時間とともに薄れていくのを待っているかのようだ。

最近の名だたる企業不祥事のなかでも、決してマネをしてはいけない「失敗のお手本」の傑出した事例である。

組織のあり方や働き方の「糧」とするために

組織に蔓延《はびこ》る不正は、人の体を蝕《むしば》む病気にたとえられる。

病気の症状が出たら、プロの医師に診てもらい、原因を特定する。病気の原因や進行に応じた薬を処方してもらい、症状が重ければ外科手術もする。病気の発見が早いほど、治療は簡単で体も回復しやすい。反対に病気の発見や対応が遅れたり、原因を見誤って必要な治療をしなかったりすれば、病状はさらに悪化する。

病気は日ごろの体調管理や健康診断で予防するのが一番だが、気をつけていても病気にはかかる。従来の健診では引っかからない新たな病原菌が生まれることだってある。気づかずに異変が起こり、大規模な不祥事へと発展する場合もあるだろう。

そこで大事なのは、病気が見つかってからの対応だ。根本原因を特定し、必要な対応をきちんと取れば、病気の進行を抑えられる。

病状がすでに重いとしても、長く酷使してきた体をリフレッシュする「チャンス」だととらえ、とことん治療に向き合えばいい。膿を出し切るには、ときに痛みもともなう。それでも病気と向き合い、症状を改善させられれば、その後の組織は逞《たくま》しくなる。遠回りをしても、企業の価値を中長期的に高められるはずだ。

ただ、そうと内心はわかっていても、病気と向き合えずにチャンスを逃す人がいる。病状が深刻なのは明らかなのに、問題を直視せずに必要な治療を避け、無理やり仕事に戻ろうとする。その先に何が待ち受けているかは、郵政グループがこれから時間をかけて体現することだろう。

＊　＊　＊

本書では、不祥事にまみれながら、間違った危機対応を繰り出す巨大組織の実態を明らかにする。一人ひとりはいたってマジメな社員が、集団で間違った方向へと走っていく過程をたどりながら、悪弊がどのように蔓延り、加速して壮大な不祥事へと発展していくのかを検証する。その実情とともに理由や背景を解き明かし、同じ轍を踏まないようにするヒントを探りたい。

変革が遅れている多くの日本型組織で働く個人にとって、明日は我が身、他人事《ひとごと》ではないはずだ。組織を腐らせる真犯人の正体は何なのか。その答えを探ることで、組織のあり方や個人の働き方について考えるための「糧《かて》」としたい。

郵政腐敗　日本型組織の失敗学　目次

第5章　検証——経営陣の〝無責任体質〟　179

第1章

暴走——ターゲットは高齢者

根はいたってマジメで優しい郵便局員たちが、悪質な保険勧誘へと駆り立てられていた。法律や社内規定に反した局員は、正式に認定されただけで、全国で２６００人を超える。

郵便局の「信頼」を逆手に取り、高齢でお人好しの女性客をつけ狙った。成績を上げるため、あえて誤解させる「話法」を開発して駆使し、今ある保険を解約させて割高な保険へと乗り換えさせていく。「顧客本位」とは真逆の「郵便局本位」を地で行く背信行為が横行していたのだ。

日本企業に特有の「同調圧力」によって、過剰なノルマが有無を言わさず現場に押しつけられた。アメとムチで目標必達をたたき込まれ、成績を上げるためなら手段は選ばない風潮が醸成された。郵便局員が不正と認めなければ会社も不正とは扱わない、という都合のいいルール運用を編み出し、不正の拡大は加速度を上げていった。

組織の腐敗がどのように広がり、歯車の壊れた集団がいかに暴走していくのか。まずは現場の実態から見ていく。

１・１　「数字を取る」が一番のルール

突然の解雇通告

東京都区内にある大型郵便局の一室。保険営業を担ってきた40代半ばの男性郵便局員が、隣に座る金融営業の担当部長から前触れもなく声をかけられた。[*1]

「ちょっと印鑑を持って、一緒に上に来てもらえないか」

２０２０年７月28日午後４時過ぎのことだ。

連れていかれたのは、１フロア上にある郵便局長室。総務部長も合流して中に入ると、局長は立ち上がって１枚の書面を読み上げた。

「社員就業規則により、解雇とする」

解雇を告げる「懲戒処分書」だった。処分理由は、２００９年から9年間、ひとりの顧客とその親族11人分の保険契約計84件について、「(顧客の)意向を把握することなく自己の都合のみで契約を提案し、受理した」というものだ。

読み終えた局長からは、「私からあなたに言うことはとくにありません」とすげなく見送られた。別の会議室に移り、総務部長から差し出された書類に、言われるまま印鑑をぽんぽんと押していく。退職金がゼロだということは、そこで知った。「なにか聞いておくことは」と聞かれたが、あまりに急な展開でなにも思いつかない。

解雇の手続きを終えると、「職場には戻るな」と命じられた。「せめて仲間にあいさつを」と求めても拒否され、机の荷物は部長らが運んできて、持ち帰るものとそうでないものを仕分けていった。更衣室のロッカーにあった私物も部長とともに運び出し、会議室に戻って制服から私服に着替えた。すでに「部外者」の扱いになっていた。

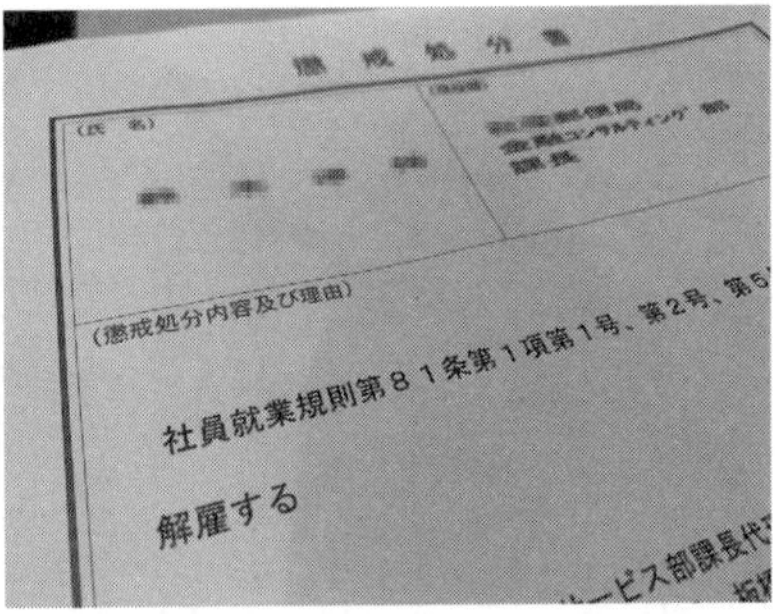

40代半ばの男性郵便局員に突然突きつけられた「懲戒処分書」

帰り際、総務部長は「変な気を起こさないためだ」と言いながら、1階の出口までついてくる。だが、外に出て振り返ると、もう部長の姿はなかった。20年近くにわたる郵便局員としてのキャリアに、あっけなく終止符が打たれた。

レッドブルを1日に何本も

郵便局は、父親の勤め先でもあった。20代後半で、音楽関係の仕事から転職。すぐに外回りの保険営業を担う金融渉外社員となったが、それまでのイメージを根底から覆す「異空間」が広がっていた。

会社は好成績を上げる郵便局員を表彰してもてはやし、派手なパーティーを開いたり国内外の旅行に出かけさせたりする一方、成績の悪い局員は「懲罰研修」とも呼ばれる勉強会へ送り込み、厳しく締め上げるのが日常茶飯事だった。

男性自身の成績は「中の中」で、表彰された経験はない。若いころは研修に出され、「今月中に目標額をやりきります！」と宣誓させられ、その姿をビデオカメラで撮影された。記録された映像は「やるって言ったよな」と、あとで追い込むための「道具」に使われた。

人当たりのいい性格である程度の契約は獲得し、郵便局では課長代理、課長といった役職に就いたが、役職が上がると風当たりも強まった。

職場では毎日、その日の目標額が個人や班ごとに割り振られた。朝礼のたびに郵便局の金融渉外部長から「数字が出ていない」と凄まれ、営業に出る間も「契約がまだゼロ」といったメールが届く。課長や課長代理の携帯はひっきりなしに鳴り、「どうにかしろ」「何がなんでもとれ」「今月の数字はどうするんだ」と発破をかけられた。ようやく若い局員が月額保険料１万円の契約を取り付けた際に、「その家にオマエがもういちど行って、もっと高い商品に入れ替えろ」と指示されることまであったという。

２０２０年８月、私と会った男性は、「契約を無理強いしたことは一度もない」と語った。だが、私が「法令や社内規定に反するケースは本当に一度もなかったか」と問い直すと、ぼんやりと考え直し、こう振り返った。

「法令とか社内規定とか、そういう概念なんかなかったですよ。だって、『数字を取る』というのが一番のルールでしたから。洗脳されて、世の中の常識がわからなくなっていたかもしれないけど、やっているときは、会社のルールにちゃんと沿っていると思っていましたからね」

さらに、こう続けた。

「毎日のように『数字取ってこい』としつこく言われ、まともな神経では持たない。体が疲れ、心も折れる。レッドブルを１日に何本も飲んで耐えていましたから。若い連中も『泣きながら営業している』とよく言っていました」

男性は40代になり、年収が１０００万円に近づいた。契約獲得で得る手当に加え、夜間や土日の出勤で残業代も膨らんだ。

だが、かんぽの不正販売が２０１９年夏に社会問題となり、営業自粛に追い込まれると、手当も残業代も消え、給与は手取りで月20万円を割り込んだ。20代の後輩には手取りが11万円になる者もいた。一方で、もともと手当や残業代のない部長以上の管理職は、収入への影響がほとんどなかった。

１・２　組織的な「不正隠蔽」

「ぜんぶ『いいえ』に丸をして」

始まりは１本の電話だった。

「保険の契約内容の確認をさせてください」

２０１７年の夏。東京都八王子市で一人暮らしの当時76歳の母親のもとに、その電話はかかってきた。53歳で長男の坂部篤志《あつし》は、隣の日野市で保険代理店を営んでいた[*2]。

母親にはこのとき、あと2年で満期を迎える養老保険があった。篤志に４７９万円の死亡保障をかけ、満期時に同額を受け取る契約で、保険料は払い込み済み。貯蓄目的の保険だった。

かつては保険料を集めにやってくる顔なじみの郵便局員がいた。かんぽの前身、簡易保険が提供する旅行に参加したこともある。郵便局には親しみがあり、信頼も厚かった。「契約内容を確認したい」と言われれば、断る理由はなかった。

ほどなくして自宅に、30~40代とみられる郵便局員2人がやってきた。２０１７年８月３日午後のこと。母親は二人を家の中に上げなかったため、二人は狭い玄関先で靴も脱がず、母親が死んだ場合に「争相続《あらそうぞく》になる」「残す財産に名前をつけたほうがいい」といった話を一方的にしてきたという。

養老保険の満期保険金の受取人は、母親になっていた。２０１９年2月の満期を迎える前にもしものことがあれば、５００万円近い保険金は長男と次男の2人で相続する。そこでトラブルになるのを防ぐために手を打ったほうがいい、というのが郵便局員2人の主張だ。「契約内容の確認」は口実に過ぎなかったのだ。

保険金の受取人を自分から長男や次男に変え、２５０万円ずつ分配する。母親は郵便局員の提案をそう受け止め、受け入れた。その時点で、保険勧誘には必須の保険概要書は示されていなかった。

４７９万円だったはずの満期保険金が、なぜ計５００万円になるかはよくわからなかった。母親は「（追加で）払うお金はないよ」「（内容を）よくわかっていないよ」と伝えたが、同じような説明が繰り返されるだけで、「金利かなにかで増えるのかな」と思った程度だったという。

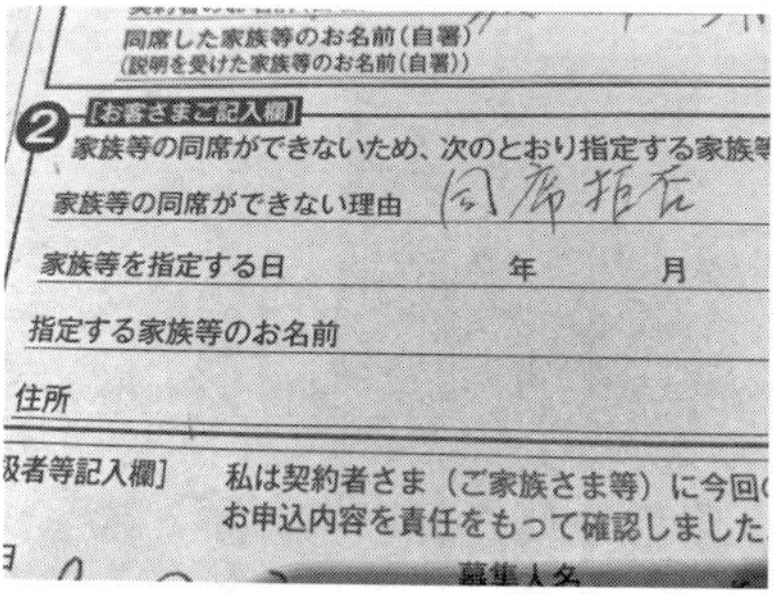

「同席拒否」と書かされた保険契約資料

約2平米の玄関先での説得が2時間にも及び、早く帰ってもらいたい気持ちも働いた。求められるまま、複数の書類にサインした。「同席拒否」と書かれた紙を見せられ、同じように書き入れるよう指示された。「ぜんぶ『いいえ』に丸をして」と言われて記入した書類が病歴の告知書であることは、後から知ることになる。

最後は管理職の上司も合流し、3人が玄関先にひしめき合い、携帯プリンターで書類を印字。母親は3人が引き上げてホッとした。それからしばらくお盆の雑務に追われる日々を過ごした。

クーリングオフは受け付けず

数日後、母親は郵便局員が置いていった書類を見返した。そこで、養老保険が解約され、新規の終身保険２本が契約されていることに気づいた。２５０万円の死亡保障を被保険者の母親にかけ、長男と次男をそれぞれ保険金の受取人とする契約が計２本あった。

２本で計５００万円の死亡保障に対し、払込保険料の総額は６５９万円。保険の解約で払われる４７１万円を当初10年分の保険料に充て、母親が86歳になってからの４年間は毎月約４万円、計２００万円近い保険料を払わされる内容だ。

「同席拒否」と書かされた書類は、70歳以上の顧客は家族が同席して説明を受けるのが原則なのに、それを自分が拒否したと認めるものだった。

病歴などの告知書はＡ３判で、記入時は二つ折になっていて質問事項を見ていなかった。入院歴などはないが、服用している薬はあり、告知義務違反となるおそれがあった。母親はまず郵便局に電話し、勧誘した郵便局員に「２００万円も保険料を払えるはずがない」と訴えた。すると、局員は「それなら（残りの保険料を払わずに保険金額を引き下げる）払い済みの手続きをとればいい」と返し、クーリングオフを受け付けなかった。

埒《らち》があかず、車で20分ほどの場所に住む長男の篤志に相談した。篤志は保険代理店を営んでおり、その道のプロ。母親のもとに駆けつけ、話を聞いたときの気持ちをこう振り返る。

「こんな保険をなんで無理やり契約させるのか、怒りで体が震えましたよ」

契約から3週間後の２０１７年8月24日。篤志と母親は、勧誘した郵便局員2人を自宅に呼んだ。篤志が問題点を列挙して問い詰めると、局員2人は当初、「契約内容は何度か説明したが、ちょっと説明不足だったのかな」などと釈明したが、同席拒否の指示は「そのような形でお願いした」「本来はその場で確認しなければいけなかった」と認めた。保険概要書は「最後にちょっと印刷した」と漏らし、告知書に書くべき項目をほとんど確認していないことも否定しなかった。

篤志が「いつもこうなの？」と問うと、2人の局員は「そんなことはない」と否定してみせたが、「母親だけにこういうことしたの？」「この勧誘はおかしくないの？」と問い詰めても、押し黙るばかりだった。[*3]

保険の解約で受け取った返戻金は、2年後に満期保険金を受け取る場合より「8万円減った」と局員らは説明した（実際は約11万円だった）。一方、新規の保険は返戻金を10年分の保険料に充て、10年後から多額の保険料を請求される。ざっくりと評価すれば、10年以内に母親が亡くなると得になり、長生きするほど損になる。死ぬあてでもない限り、そんな商品を積極的に望む理由はない。

被害者をクレーマー扱い

坂部親子は、解約と新規契約の無効を求め、かんぽ生命のコールセンターに直訴した。かんぽのお客さま相談室の担当者が自宅にやってきて、母親の事情を聴いていった。それから数週間後、かんぽのお客さま相談室長から２０１７年10月に文書が届いた。[*4] その内容に坂部親子は再び驚くことになる。

文書によれば、担当の郵便局員は、①母親に「解約」と「新規契約」の意向があった、②家族の同席を何度か頼んだが、母親が「同席が難しい」と言い、当日中の手続きを希望した、③A３判の告知書は片側が垂れ下がっていた――などと主張していた。

郵便局員が言い逃れをするのは、百歩譲ってまだわかる。問題はここからだ。

かんぽは、顧客と郵便局員とで「主張が対立している」としつつ、自社の「検討結果」としては、解約と契約は重要事項を含む一通りの説明をきちんとしたうえで手続きしていると決めつけ、家族への相談を案内しなかった点や告知書が垂れ下がっていて見にくかった点だけは「配慮不足」だった、などと判断したと書かれていた。

そのうえで、坂部親子の希望に沿い、旧契約の復元と新契約の無効化を認める和解案を提示した。ただし、「第三者に口外しない」という条件が盛り込まれていた。

それで被害が回復すれば、まあいいか、と思う人もいるだろう。しかし、母親の立場に立てば、どうなのか。

かんぽの「検討結果」をよく読めば、肝心の対立部分では郵便局員の主張を都合よく採用し、母親のほうが自ら積極的に解約と契約を希望し、母親が手続きを焦って家族の同席を拒否した、と結論づけている。これでは、郵便局員の話が事実で、母親があたかもウソをついている〝クレーマー〟と決めつけるようなものだ。第三者に口外しないという条件も、都合の悪い話を口止めしているように映る。

坂部は8月24日の郵便局員とのやり取りをスマホで録音していた。1時間半超に及ぶ録音内容を聞き直し、問題を認めるような発言を抽出。音声データとともに11月にかんぽへ送り、再調査と謝罪、郵便局員の処分を求めた。

ところが、かんぽはそれを拒絶する。12月に届いた文書には、「録音を確認したところ、お気持ちをさらに害した」とあるのみで、「再調査には応じられない」と記されていた。[*5]

さらに和解案の有効期限が過ぎた２０１８年1月、かんぽは「和解は不調として対応を終了する」と通告。和解案の紙を送り返すことまで求めてきた。[*6]

坂部は２０１８年4月、問題の郵便局員が働く八王子郵便局の局長にも手紙を送った。だが、返信はかんぽ生命と日本郵便のお客さま相談室長から届いた。郵便局員の証言は「不自然な点はなく、虚偽の証言とは考えていない」とし、顧客である母親の主張をウソと決めつけた認識は曲げなかった。[*7]

この事象をあえて第三者の立場から眺めれば、郵便局員と顧客のどちらがウソをついているかは、すぐには判断を下せないはずだ。

ただ、音声データのなかで郵便局員が認めた点だけでも、保険業法や社内ルールに違反したと疑われる節がある。「強引に押しつけたんでしょ?」と問い詰める坂部に、「ちょっとそれは」と言ったまま押し黙る局員の沈黙も、多くを物語っている。

それでもかんぽは不都合な真実からわざわざ目をそらし、郵便局員の主張が「虚偽ではない」と強引に判定し、坂部の母親の主張を〝ウソ〟にして退ける形で、自社に有利な審判を下した。カネだけ払って口止めし、表面化するのを抑えようとしていたのは明らかだ。この一例だけでも、不正を組織的に隠そうとしていた疑いが濃厚だ。

かんぽの担当者が坂部の母親宅に出向き、法令違反があったと認めて謝罪し、11万4347円を口座に振り込んだのは2020年秋のこと。不正契約から3年超、NHKの番組放送からも2年半の月日が経過していた。

しらを切れば「無罪」

かんぽ生命と日本郵便による組織的な「不正隠蔽」には、複数の特徴的な手法が組み込まれている。

そもそも仕組みが複雑な保険商品の勧誘では、金融知識の乏しい顧客に対し、知識が豊富な販売側は圧倒的に優位な立場にある。保険を売る郵便局員には税制なども組み合わせた「話法」が種々にあり、多くの顧客は煩雑な書類に目を通す余裕がない。

坂部の母親の場合はたまたま、保険の勧誘から数日後に書類をじっくりと読み直し、自分の認識と違うことに気づけた。記憶がまだ鮮明なうちに郵便局に抗議し、保険に詳しい息子にも相談したため、勧誘時に交わした言葉や勧誘の状況を具体的に振り返ることができた。これはレアなケースだろう。

かんぽの顧客には、子どもと離れて一人で暮らすお年寄りも数多い。子どもが帰郷して保険書類を見つけたときに、たいていは契約から月日が過ぎている。病気や死亡に至って初めて、いい加減な契約の存在に気づくこともある。不自然な契約や解約が見つかっても、その問題を具体的に指摘するのは難しい。

たとえ問題を具体的に指摘できたとしても、その次に待っているのが、かんぽ生命と日本郵便による組織的な抵抗だ。

日本郵政グループでは、坂部の事例でもわかるように、客観的にみて不正の疑いが濃い場合でさえ、郵便局員がしらを切って否認すれば、「シロ（無実）」とみなす運用がなされていた。[*8] これは「自認主義」と呼ばれ、保険勧誘に限らない傾向とみられる。そうした前例を目の当たりにすれば、現場で不正がバレそうになっても、まずは否認しようと考えるのが自然な原理だ。

保険会社は、法令違反があれば金融庁に届け出ることを保険業法で義務づけられている。

しかし、かんぽが不正と認定さえしなければ、届け出る必要はない。自認主義は、かんぽや日本郵便にとって都合のいい対処法だったに違いない。

不正と認めることには極めて後ろ向きである一方で、顧客から強く抗議されると、「配慮が足りなかった」などと口実をつけ、保険料を返すハードルは低くしていた。「合意解除」や「無効」と呼ばれる手法を駆使し、契約はなかったことにすると同時に、顧客には口外しないよう約束もさせていた。じつに抜け目のないやり方ではないか。

保険勧誘のトラブルが起きること自体は民間生保にもあるが、「合意解除」や「無効」といった例はほとんどない。[9]仮に生保側の営業に瑕疵《かし》があるとしても、どこがどう悪かったのかを明確にし、過失の割合に応じてお金を返すということでなければ、株主への説明もつかない。

かんぽの場合は、大株主である親会社、日本郵政による監督が甘く、個人株主が声を上げることもほとんどない。そうしたことも、不正を覆い隠す仕掛けが容認された一因だろう。

なお、一連の問題発覚で自認主義の実態がバレたため、郵政側は証拠やデータなどをより重視した客観的な判定に努めるようにするとしている。[10]

１・３　絵に描いたような「ブラック職場」

「貯蓄」の時代に幕

かんぽ生命の源流は、郵便事業を営む逓信省《ていしんしょう》（のちの郵政省、現総務省）が１９１６年10月に創設した生命保険事業「簡易生命保険」にある。大衆のために、小口で簡便かつ安全な保険を提供する、というのが原点だ。

特徴は、医師の診断が不要で、職業による制約もない代わりに、契約できる保険金に上限があることだ。「民業圧迫」の批判にもさらされつつ、保険金の限度額は徐々に引き上げられてきた。

戦後は保障を買うだけでなく、「貯金代わり」に利用されることが多かった。今と比べれば高金利で、政府の保証もつく。養老保険に入って１００万円の保険料を払えば、10年後には百十数万円の保険金が戻ってくる時代もあった。バブルが崩壊し、金融不安に覆われた１９９０年代には、かんぽの保有契約件数はとくに勢いよく伸びた。

利回りが高い間は、郵便局員が無理をしなくても保険は売れた。ずさんな営業は以前からあったが、多少の不利益を与えるとしても、それを上回る利益が出せたために、トラブルの表面化が抑えられた面もある。

だが、金融市場は２０００年前後から低金利の時代に入った。国債が中心の簡保の運用利回りも低下し、保険商品の「貯蓄性」も薄れていく。２０１３年からは日本銀行の大規模緩和が始まり、２０１６年のマイナス金利政策や長期金利誘導がダメ押しとなった。生保商品のほとんどが、払う保険料が受け取れる保険金を上回る「掛けオーバー」になり、保険が「貯金代わり」となる時代に幕を下ろした。

かんぽの保有契約件数は１９９７年3月末に８４３２万件とピークをつけ、２０１３年３月末には３６８１万件まで落ち込んでいる。[*11]

月20本の獲得ノルマ

利回りが下がり、独自の商品特性が乏しいかんぽにとって、規模の縮小は当然の帰結だった。だが、２００７年に株式会社となり、２０１５年には東証一部に上場を果たしたことで、利益を追求するという目標の優先度が上がってくる。
日本郵政グループは遅くとも２０１４年の中期経営計画で、かんぽの保有件数の「底打ち・反転」を目指す方針を掲げ、「新契約月額保険料５００億円」という営業目標が示された。その後も２０１６年度に新契約月額保険料を「５００億円台に乗せてさらに拡大させること」が目標として掲げられた。
全国に割り振る営業目標は、かんぽ本社と日本郵便本社が協議して翌年度分を決める。それが本社から支社へ、支社から郵便局へと配分され、最後は一人あたりの個人目標としても割り当てられる。地域性なども考慮したとされるが、おおむね社員の数とその職務（保険営業に割く時間の割合など）に応じて配分していたようだ。
日本郵便が国会で示したデータによると、かんぽ生命の販売目標は民営化翌年の２００８年度から２０１６年度にかけて１・６倍近くに増えた。その後は徐々に目標額を下げたものの、「保有契約の反転」を目標に掲げ続けて高水準を維持していた。[*12]
割り当てられた営業目標を達成できた郵便局の割合は、２０１５年度の60％超が２０１７年度には30％程度に減り、２０１８年度にはさらに10％台へと沈んでいった。[*13]
郵政経営陣が何の戦略もないまま、高すぎる営業目標を現場に押しつける間に、無理な保険勧誘も加速していった。

郵便局で保険を売っていたのは、２０１９年３月時点で約７万３千人。多くは通称「サンマル」と呼ばれる人たちだ。民営化時の社員番号をもとに、郵便・物流の「ニーマル」とは区別して扱われていた。

このうち局の窓口で保険を売る社員が５万８千人を占め、郵便局の外に出て保険を売る金融渉外社員が１万４５００人いた。金融渉外社員のうち約６千人は、保険を専門的に担当していた。[*14]

保険が専門の渉外社員に課せられる個人の年間営業目標は、月額保険料ベースで２００万～３００万円台が多かったようだ。月額保険料が１万円の生命保険なら１年に２００～３００本、月に20本前後の獲得がノルマとなる。尋常な数字ではない。

新規契約の獲得は、個人の収入にも直結する。獲得した月額保険料に応じた営業手当が支給され、目標の達成度合いが昇給や昇格にもはね返る。

営業手当は２０１８年度には、渉外社員の収入の平均25％を占めた。[*15] ２０１５年４月の改定で渉外社員の基本給を2割引き下げ、手当の算定割合を上げたためだ。これは好成績の社員の要望を受け入れたもので、保険を売るほど成績や収入が大きく伸び、売れない人は落第点となりやすく、収入も減るようになった。

２０１８年度には渉外社員の約５％が年収１０００万円を超え、最高額は２５６９万円に達した。[*16] 一方、渉外社員の収入の最低額は２４９万円。10倍以上の開きがあったわけだ。平均額は６５５万円だが、成績がふるわなければ３００万円前後に沈むのはざらだった。

上は「海外研修」、下は「懲罰研修」「恫喝指導」

日本郵便は、全国の渉外社員を成績順に並べた表を毎日更新し、社内で公開して競わせていた。さらに毎年、全国で「かんぽ営業最高優績者」を選び、とくに実績の高い渉外社員には「ダイヤモンド優績者」（30人）、「ゴールド優績者」（２００人）といった称号を与えていた。優秀な窓口社員にも「ルビー優績者」（30人）、「パール優績者」（２００人）の称号があった。[*17]

称号をもらえると、ご褒美として全国各地の一流ホテルで開かれる「かんぽ営業代表者会議」に招かれて表彰される。ＣＭに出る芸能人が呼ばれ、トップセールスマンに記念品を手渡すことも。ダイヤモンドやルビーの認定を重ねると、オーストラリアやハワイへの「海外研修」まで用意されていた。

一方で、販売実績の悪い局員には、〝指導〟という名の「懲罰研修」が待っていた。成績の悪い局員を集め、勧誘の方法などを教えるという建前だが、パワハラめいた「恫喝指導」で知られていた。

特別調査委員会の「調査報告書」では、こんな証言も紹介されている。[*18]

「金融渉外部長は夜の8時や9時まで低実績者を居残りさせたり、朝礼などの全員の前で、『成績が悪いということは局の目標達成の足を引っ張っているからみんなに謝れ』などと言っていた。怒鳴られることが原因で精神的に追い詰められ、病気で休む人も出ていた」

「郵便局が目標を達成できなければ、まずは（郵便局の）金融渉外部長が支社に怒られる。金融渉外部長も怒られたくないので、各募集人に『何とかしろ』という。渉外部長も目標をクリアしないと自己の評価が低くなるから、担当局の目標はクリアさせようと考える。管理者が一番気を遣っているのは営業目標という数字だった」

オレオレ詐欺と変わらないアポ電

マジメな郵便局員を不正へと駆り立てる仕掛けの一つが、郵便局を覆う異常な空気だ。

ある郵便局の保険課での問題発覚前の1日をざっと振り返ってみよう。

朝礼は朝8時半に始まる。かんぽ生命営業指導育成部が作成したチェックシート「モーニング5（ファイブ）」を使い、3〜4人の班ごとに互いの営業予定を点検し合う「ツメ」の儀式だ。

「5」は確認項目の数を指す。「①本日の見込額」や「②本日の行動予定」として、アポ入れの状況や「勝負先」の有無を確認する。「③事前準備の状況」や「④商談イメージ」として、どんな資料と話法で契約を迫るのか、想定される断られ方とその対応も確認する。最後は「⑤魂の注入（班員の意識統一）」として「目標をやりきるぞ！」と声を張り上げ、全員で「おー！」と拳を突き上げる。

30分ほどの朝礼が終わると、アポが取れている郵便局員は外へ駆けだしていく。

班ごとに課せられるノルマは、未達の分が積み上がっていくため、多い日で数十万円にも上る。2〜3人のメンバーで月額保険料数十万円分の新規契約が取れなければ、その日を平穏に終えることができない。

契約が取れたらすぐに局へ連絡する。呼応するように「のこり42万！」「のこり27万！」といったメールが各メンバーに届く。課長や課長代理には金融渉外部長から「今日の数字はどうするんだ！」と圧がかかり続ける。若手は契約が取れるまで局に戻りづらく、耐えられずに自分や家族を保険に入れる「自爆」に走る者も。月末の有給消化は許されず、過剰労働が発覚しないよう、夜には社有端末の電源を切らされる職場もある。

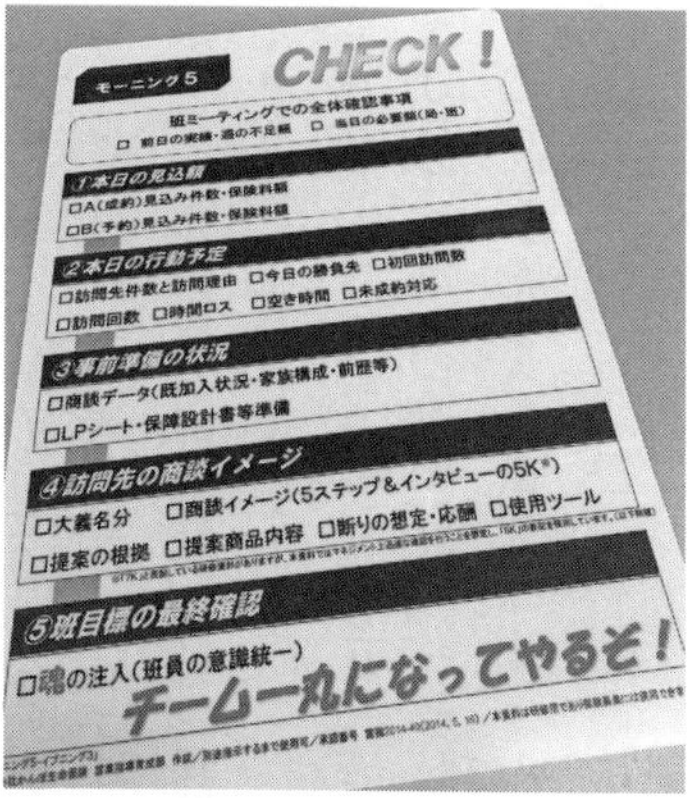

かんぽ生命作成のチェックリスト「モーニング５」

アポがない局員は、郵便局の端末で顧客情報を１００人も２００人もリストアップして印字し、１件ずつ電話してアポ取りをする。その光景を「オレオレ詐欺と変わらない」と自嘲する局員もいた。

狙いは、定期・定額の貯金が満期を迎えようとする人や、保険を契約して2年が近づく人だ。満期を迎える貯金があれば、そのカネを保険料に充てられる。保険契約から「２年」が過ぎる顧客は、保険を解約させた場合の返戻金があてになる。契約から2年以内の解約だと、契約を取った局員が営業手当を返すという社内ルールがあるため、2年を待って解約させるほうがトラブルになりにくい[*19]。要は、保険料に充てる資金が見込める郵便局のなじみ客が、手当たり次第に狙われていたのだ。

電話をかけまくり、口実を作ってアポが取れるまで、外回りには出られない。アポが取れなければ上司からなじられ、アポが取れても契約が取れなければまた叱られる。〝ブラック〟を絵に描いたような職場で、多くの渉外社員は正常な感覚を失っていく。

同じ保障で保険料だけアップ

熾烈なプレッシャーと苛烈《かれつ》なノルマがもたらしたのは、郵便局の自己都合だけの「乗り換え契約」の横行だ。

保険の乗り換えは、獲得が難しい新規の顧客ではなく、郵便局になじみのある既存客をターゲットにできる。保険金の上限や、払える保険料の限界を気にかける必要がない。〝新規〟の契約件数だけは安易に稼げる、というわけだ。

顧客にとっては、入院日数が短くても保険金が出るようになるなど、新しい保険ならではのメリットがある場合もある。だが、金利の低下を受けて保険料率が見直され、顧客が払う保険料は総じて割高になる。保険を途中解約すれば、満期を迎えるより保障期間は縮まり、戻ってくるお金の割合も小さくなる。乗り換えは一定の不利益を着実に生み出す。

金融庁が２０１８年以降、郵便局の営業実態を探るための「切り口」として目をつけたのも乗り換えだった。

かんぽ生命が金融庁の指示を受けて行った調査では、乗り換え契約は１カ月で２万件超あり、そのうち３割の６千件近くは、外形的にみて、顧客にとって経済合理性がないと疑われるものだった。つまり、保険を乗り換える必要性があったのかが疑われる契約が毎月、数千件単位で量産されていたことになる。[*20]

詳しく調べると、乗り換える前と後の保険で保障内容が同じなのに、保険料だけが上がっている乗り換えが浮かび上がった。保障内容が変わっていても、旧契約の特約で対応できたものもあった。さらに、乗り換えるつもりで保険を解約したのに、新たな病歴などで保険に入れなくなったケースや、乗り換える際のいい加減な病歴告知で保険金が支払われないケースまで出てきた。

日本郵政グループが2019年7月以降に調査した過去5年分の契約には、次のようなものが含まれていた。[*21]

・不必要な保険料上昇
　新旧契約の保障内容が同じで、保険料が上がっている＝約2万件
・不合理な乗り換え
　乗り換えの必要がなく、特約の変更などで対応できた＝約2万5千件
・引き受け謝絶
　旧契約を解約後、病歴などの理由で新契約加入が拒まれた＝約1万9千件
・保険金支払い謝絶
　乗り換え後の新契約時の告知義務違反で、保険金が払われなかった＝約3千件

「マエサン・アトロク」と「ヒホガエ」

郵便局の保険営業がさらに悪質なのは、保険の乗り換えであることを隠す「乗り換え潜

脱」が横行していたことだ。

契約の解約日を前後にずらすことによって、社内で乗り換えと判定されないように偽装していたのだ。実績や手当を稼ぐのが目的で、顧客には保険料を二重に払わせたり無保険の状態を生んだりする不利益を与える。

郵政グループでは「マエサン・アトロク」と呼ばれるルールが作られていた。乗り換え契約かどうかを判定するための基準で、被保険者が同一の保険が「前3カ月以内」か「後6カ月以内」に解約されていると、「乗り換え」に分類するものだ。保険が同時期に解約されているものはもちろん、新保険の加入後の6カ月目に同様の保険が解約されていても、それは乗り換えと判定される。裏を返せば、7カ月目に入ってから解約すれば、乗り換えとは判定されない。

問題は、乗り換えと判定されるかどうかで、実績や手当が大きく変わることだ。乗り換えの場合は、実績や個人の営業手当が半分になる。２０１０年3月以前は、乗り換え契約の手当はゼロだった。[*22]

不正への誘惑がそこで働く。顧客の契約をただ乗り換えさせるだけだと実績や手当は半減する。解約時期をずらし、判定基準の対象外に持ち込めば、実績や手当は倍の満額となる。

ただでさえ自己都合の乗り換え契約は、潜脱が加わることで、顧客を食い物にする度合いがさらに濃くなる。

日本郵政グループが調査した2019年3月までの5年分には、乗り換え潜脱と疑われる契約が少なくとも10万件を超えていた。内訳はこうなる。[*23]

・保険料の二重払い
新旧の保険に重複加入し、保険料を二重に払った（重複期間は7～9カ月）＝約7万5千件

・無保険状態
乗り換えに際し、旧契約解約から新契約加入まで4～6カ月の空白期間ができていた＝約4万6千件

これらは「マエサン・アトロク」の前後3カ月分の解約をともなう新契約を抽出したものだ。4カ月分、5カ月分と対象を広げれば、潜脱が疑われる事例はさらに膨らむはずだ。

一部の地域では、「ヒホガエ」と呼ばれる手法も広まっていた。乗り換えの判定基準には

「被保険者が同一」という条件があったため、被保険者を変えてしまえば、解約日をずらすという面倒な工作をしなくても、満額の実績や営業手当を稼げた。前出の坂部親子の事例もこれに当てはまる。２０１９年４月の社内ルール改定でヒホガエも難しくなったが、顧客の意に反する契約はもっと多く眠っているはずだ[*24]。

１・４　バレなければＯＫ

不正な手法を教える「インストラクター」

不正はどのように広がっていくのか。わかりやすい二つの例を紹介しよう。

保険営業に携わって20年以上になる都内の郵便局員の50代の男性は、２０１７年ごろから乗り換え潜脱に手を染めるようになった[*25]。

きっかけは、営業成績が絶好調だった多摩地区の郵便局への異動だ。超低金利で保険勧誘が難しくなるなかでも、それまでの郵便局で不法な行為が容認されることはなかった。だが、異動先の郵便局では、上司を含む複数の局員が、堂々と乗り換え潜脱を繰り返していた。

男性が驚きつつ、心配になって「大丈夫なんですか？」と口にすると、上司は「ウチの局はこれでやっている」「表彰もされている。和を乱さないで」と言い、同じように実績を積み上げるよう要求してきた。

当初はノルマをこなせず、成績の悪い郵便局員を集めた研修に送り込まれた。そこで「インストラクター」と呼ばれる保険営業の指導役が「乗り換えで実績を減らすのは素人だ」と唱え、乗り換え潜脱を推奨していた。解約時期をずらすための話法として、「郵便局の実績の仕組みを正直に打ち明けて懇願する」といったプランもいくつか教わった。研修の終わりには、地域を統括する金融渉外本部長の前で、「遅れを取り戻す」「1カ月で30万円を取る」という宣誓文まで書かされた。

入社したばかりの若い局員は最初から不正な手法をたたき込まれ、それが正しいものと信じ切って営業し、マスコミで批判が出たときには「なにが悪いんだ！」と怒っていた。そんな環境で不正を拒めるほど、男性も強くはなかった。顧客にウソをついたり隠したりするのではなく、頼み込んで同意を得るくらいならいいのではと、罪悪感を押し隠した。

もう一つの例は、東海地方で成績優秀者と評価されていた30代の男性だ[*26]。

男性は20代で転職して初めて配属された郵便局の上司から、「解約をずらせば実績になる」と、乗り換え潜脱の手法を教わった。念のためにと、かんぽ生命の支社にも「解約をずらしても問題はないのか」と問い合わせたが、返ってきたのは「問題ない」だった。初めて保険営業に携わる男性にとって、それが不正だと疑う余地はまったくなかった。

それから8年余り。異動する先々で乗り換え潜脱を繰り返した。上司は実績が良ければ機嫌がよく、実績が悪いとプレッシャーをかけてくる。不正な手法を咎《とが》める者は一人もいなかった。

パワハラで心が壊れていく人は何人も見た。前日に言葉を交わした同僚が自殺したこともあった。それでも上司のパワハラをやり過ごし、器用に保険を多く売って会社から表彰されることには誇りを覚えた。苦しいながらも、家族ぐるみで付き合う仲間もできて、「郵便局が好きだった」と男性は振り返る。

問題発覚後の２０２０年には、法令違反があったとして処分を受けた。その後、自分に不正な手法を教えた元上司と話す機会があった。元上司は「現場が悪いんだ」「おまえらが勝手にやったことだ」と言ってのけた。不正を指南した上司たちが厳しく咎められることはなく、大好きだった職場はすっかり嫌いなものに変わった。

法令・社内規則は無視

保険業法では、顧客を保護するため、虚偽を告げること、重要事項を告げないこと、重要事項について誤解させるおそれのあることを告知・表示することが禁じられている。乗り換え契約については、「不利益事項の不告知の禁止」も定めている。保険の解約で返戻金が目減りすることや、健康状態の悪化などで新たな保険に入れない可能性があることなどを知らせていなければ、こうした法令に反する可能性がある。

２０１４年の保険業法改正では、保険会社や募集人が顧客の意向を把握し、意向に沿った保険の提案や契約内容の確認をすることなどが義務づけられた。保険会社が募集を担う役員や社員に対し、適切な指導や管理、教育をすることも義務づけられている。改正保険業法は２０１６年5月29日に施行された。金融庁が２０１７年5月に策定した「保険検査マニュアル」には、乗り換え契約や高齢者向け募集が「通常の募集以上に注意を要する募集」と位置づけられている。

こうした制度改正を踏まえ、かんぽの社内規則は、高齢者募集について「原則として家族等を同席させなければならない」と定めていた。乗り換え契約については「明確な解約意思や契約内容を変更することへの強い意向」が必要だとしていた。[*27]

郵便局員による保険勧誘では、こうした法令や社内規則がほとんど無視されていた。乗り換え潜脱で解約日をずらすため、泣き落としをしたり、解約できることを伝えなかったり、なかには解約できないとウソをついたりした例があった。

日本郵政グループの調査で、不正な契約だと認定したのは２０２０年11月30日時点で計３６５８件。少なくとも２６３５人の郵便局員が不正な契約に関与していた。内訳は法令違反が３１１件（関与した局員４１３人）、社内ルール違反が３３４７件（同２２１２人）だった。[*28]

不正が疑われる契約の加入者、つまり「被害者」となった顧客１万２５００人のうち、85％は女性だった。年代は60代が33％と最多で、70代（26％）、50代（20％）と続く。[*29]

ルールをかいくぐる「いたちごっこ」

郵便局の現場で不正な手法の一つである乗り換え潜脱が横行していることは、周知の事実だった。

「マエサン・アトロク」ルールができたのは、東証への上場を間近に控えた２０１５年４月のこと。2001年の「マエイチ・アトサン（前1・後3）」、2010年4月の「マエイチ・アトロク（前1・後6）」から、判定対象期間を徐々に拡大させた経緯がある。[*30] こうした対策を段階的に講じていたことは、経営陣を含む担当幹部らが、乗り換え潜脱の問題を明確に認識していた証左だ。

歴代の経営幹部らは、乗り換え潜脱を防ぐ手立てを一応は打っていた。だが、ルールが変わっても、それをかいくぐる潜脱が新たに生まれる「いたちごっこ」が続くのを止めなかった。そのなかで育まれた〝常識〟が、ルールは「形式的に守ってさえいればいい」というものだった。

民営化して上場も果たした経営陣は、形ばかりの「対策強化」を繰り返す傍ら、金利の低下が急速に進む経済環境のなかで、「反転攻勢」の目標を何の戦略もないまま現場に押しつけた。実現不可能な数値目標を下へ下へと課していき、達成できなければ厳しく叱責する「必達主義」と、上意下達で異論を許さない「同調圧力」が重なり合ったことで、顧客の立場を考えない自己都合だけの保険販売を加速させた。

不正を犯した者が不正と認めなければ不正とは扱わないという常軌を逸したルールを経営陣が容認し、「不正をしてもバレなければ大丈夫」という考えを広め、顧客に不利益を与える不正は加速度を上げていった。

一人ひとりの社員がマジメで優しくても、同調圧力や目標必達主義が蔓延る「集団」が形成されれば、都合のいい「数字」を形作ることが何より優先すべき目的となり、顧客に不利益を与える卑劣な行為も厭わない暴走が起こり得る。それを途中で止める手立てや仕組みが、なぜ郵便局にはなかったのか。次章ではコンプライアンス体制の実態を検証する。

＊１　都内の元郵便局員への２０２０年８月10日筆者取材
＊２　坂部篤志への２０１９年10月４日筆者取材、坂部提供の保険契約資料
＊３　坂部篤志提供２０１７年８月24日音声データ
＊４　かんぽ生命保険お客さま相談室長森川恭行２０１７年10月３日付文書
＊５　同２０１７年12月１日付文書
＊６　同２０１８年１月12日付文書
＊７　かんぽ生命保険お客さま相談室長森川恭行・日本郵便お客さま相談室長山崎直一２０１８年４月17日付文書
＊８　特別調査委員会「調査報告書」57ページ
＊９　同「調査報告書」63ページ
＊10　日本郵政・日本郵便・かんぽ生命保険２０２０年１月31日付「業務改善計画」
＊11　特別調査委員会「調査報告書」22ページ

＊12　日本郵政２０１９年10月15日野党合同ヒアリング提出資料
＊13　特別調査委員会「調査報告書」１０５ページ
＊14　同「調査報告書」37ページ
＊15　同「調査報告書」41ページ
＊16　同「調査報告書」42ページ
＊17　同「調査報告書」43、44ページ
＊18　同「調査報告書」１０５ページ
＊19　同「調査報告書」42ページ
＊20　朝日新聞２０１９年６月24日付朝刊
＊21　日本郵政・日本郵便・かんぽ生命保険２０１９年７月31日付「日本郵政グループにおけるご契約調査及び改善に向けた取組について」
＊22　特別調査委員会「調査報告書」48ページ
＊23　日本郵政・日本郵便・かんぽ生命保険２０１９年７月31日付「日本郵政グループにおけるご契約調査及び改善に向けた取組について」
＊24　藤田知也「かんぽ生命〈疑惑の18万件〉『高齢者喰い』の手口」『文藝春秋』２０１９年12月号
＊25　都内の郵便局員への２０２０年８月14日筆者取材
＊26　東海地方の郵便局員への２０２０年８月22日筆者取材
＊27　特別調査委員会「調査報告書」39、47ページ
＊28　日本郵政・日本郵便・かんぽ生命保険２０２０年12月14日付「募集人及び当時の管理者に対する処分状況」
＊29　特別調査委員会「追加報告書」27、28ページ
＊30　同「調査報告書」47、48ページ

第2章

隠蔽——異論を許さない組織風土

組織に潜在するリスクを探知するために欠かせないツールの一つが、「内部通報制度」だ。通報された事案の解消だけでなく、組織内で深刻な事態が起きていないかを早期に嗅ぎ取り、不祥事の芽を摘み取ることに役立つからだ。

日本郵政グループでは以前から、内部通報制度がグループ各社で整備されていた。社内の窓口に加え、社外の窓口も設置され、社員にも周知されていた。

だが、万全なのは「形」だけで、中身がともなっていないことも知れ渡っていた。

郵便局の現場では、通報しても調査してもらえないばかりか、通報者が誰かをあぶり出す〝犯人捜し〟がすぐに起きる。有力な郵便局長が「仲間を売るのは許せん」と吠え、通報制度の趣旨を真っ向から否定する事件が起きても、経営陣は曖昧な態度しか見せていない。「通報しないほうが身のため」が組織の常識となるのは当然の成り行きで、通報制度の機能は見事なほどに無力化されている。

旧特定郵便局長を特別扱いするいびつな組織構造とともに、通報制度が破綻していった現場の実態を明らかにする。

2・1　情報が漏れる「内部通報」

仲間を売ってはいけない鉄則

福岡県の筑豊地区にたたずむ、局員数人の小さな郵便局。

その応接スペースで2019年1月24日午前、1台のICレコーダーが迫力ある声をとらえていた。[*1]

「どんなことがあっても、仲間を売ったらあかん。これ、特定局長の鉄則」

声の主は、旧特定郵便局長（現エリアマネジメント局長）として九州でナンバー2の座にあった九州支社副主幹統括局長（当時）。地区連絡会の統括局長も務める。

音声データにはもう一人、震えながらうめき声を発する男性の声も記録されている。同じ地区連絡会に所属する配下の郵便局長だ。

副主幹統括局長は、配下の局長にこう迫った。

「会社はダメちゅうけど、犯人を捜す」

「（通報）してないな？　約束できるな？　（名前が）あったらおれんぞ」

九州の大物局長がそう言いながらあぶり出そうとしたのは、同じ地区内で郵便局長を務める息子の不祥事について、日本郵便の内部通報窓口に知らせた〝犯人〟だった――。

ことの始まりは3カ月前の2018年秋。福岡県内の旧特定郵便局の局長6人が、同じ地区の郵便局長の内規違反の疑いを内部通報窓口に知らせたことだ[*2]。

6人があえて本社の内部通報窓口を頼ったのは、内規違反が疑われる郵便局長の父親が、本来は不正の疑いを伝えるべき「上司」だからだ。通報する対象が息子となれば、証拠隠滅のおそれや報復の危険も考えられる。

内部通報窓口に届いた文書にも、こうつづられていた。

〈この告発内容は統括局長も関係者となるため取扱いに十分注意されてください。調査についても告発者やその協力者が決して不利益をこうむることが無いようお願いします〉

だが、通報を受けた日本郵便本社のコンプライアンス担当役員の東《ひがし》小《こ》薗《ぞの》聡《さとし》は、通報文書の発送から約10日後、件《くだん》の副主幹統括局長に連絡し、息子の内規違反で通報があったために調査を始めることと、その通報者が「複数」であることを明かした。

東小薗は口止めをしていたものの、調査対象者の父親に事前連絡し、通報があったと知らせていた。これは、後述する内部通報制度のガイドラインに反すると疑われる行為だ。

通報内容は、局員への暴力や勤務時間中のゲームセンター通い、内規に反するお金の取り扱いなどだ。九州支社コンプライアンス室が2018年11～12月に調査したが、本人が否認したことなどを理由にいずれも不正とは認定しなかった。ただ、暴力を振るわれたとされる局員には話を聞かないなど、調査が不十分と思わせるものだった。ここでも〝否認すればシロ〟という慣例を通したのかもしれない。

「通報者だったら、絶対に潰す」

父親である副主幹統括局長が動き出したのは、調査が中途半端に終了したあとだ。2019年1月に、通報者と疑う郵便局長を一人ずつ呼び出しては尋問のように事情を聴き、通報行為そのものも糾弾した。冒頭の局長も糾弾されたひとりだった。

1月24日の音声データには、副主幹統括局長のこんな言葉も残っている。

「局員から（通報が）上がったら、そりゃしょうがない。局長から上がったのが、俺は許せんかった」

「局長の名前が（通報者として）のっとったら、そいつら、俺がやめた後でも絶対に潰す。どんなことがあっても潰す」

「そこにおまえの名前はないね。あるいは名前をのせとったやつをおまえは知らんか？」

「誰に誓ってでもやってないな？　後で絶対、おまえの名前は出てこないな？」

副主幹統括局長はドスのきいた怒声と優しい声音を使い分けながら話し、言われた郵便局長は終始、震えた声で応じた。

副主幹統括局長は、息子の行為について「悪いことは悪い」と認めつつ、「コンプラに上げるのは間違っている」ときっぱり。通報制度の趣旨を完全否定し、「あんたも仲間から疑われたら嫌やろう？　協力して」と、通報に関わる情報を知らせるよう念押しし、ようやく局長を解放した。

同じ日の夜。脅された局長が属する部会の数人の郵便局長にも緊急招集がかかり、地域の公民館に集められた。部会長を務める郵便局長は「ぶっちゃけ言うと、内部通報があります」と暴露し、コンプライアンス室による調査があったことも明かしながら、こう説明した。[*3]

「内部通報した人っていうのは、この部会におるっちゃないのかって、疑われています。全員が疑われています（略）もう会長（＝副主幹統括局長）からは私たちの部会、まったく信用されていません。信用されてなくって、これから先、どう仕事やっていくのと。やれないよと言われて、わかったとはいきません」

部会長は「だから」と言葉をつなぎ、〝犯人捜し〟をこう始めた。

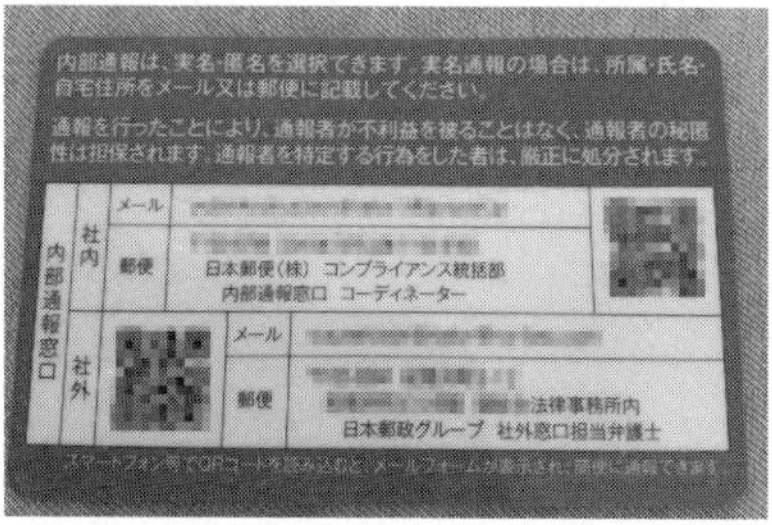

日本郵政グループの内部通報カード

「皆さんの身の潔白っていうものを示していただかないと、私も皆さんを信用して仕事することができないです。だから、今から聞きます！」

部会長は〝お手本〟を示すように、こう切り出した。

「私は、この内部通報に関しては一切関わっていません。断言します。もし関わっているとあとからわかったときは、職を辞します。では、次！」

そう言って、別の局長に同様の宣言を促す。すぐ後に「これはおかしい」という声が出て〝潔白宣言〟は中断されたが、部会長の局長はなおも求め続けた。

「万一、関わっているようなことがあったとき、『この場で言いにくかったから』ちゅうて、僕の携帯にかけてください。早ければ早いほうがいい。何か知っていることがあれば、言ってください」

なんとか通報者を割り出そうという必死の形相は、副主幹統括局長がどれだけ怖いかを物語っている。

2・2　いびつな旧特定郵便局

GHQの解体命令からの復活

ここで〝旧特定局の世界〟を概観しておこう。

「郵便の父」と呼ばれる前島密《ひそか》は明治初期、イギリスの制度を参考に郵便事業を日本に導入した。政府には郵便局網を広げる資金も人手もなかったため、地方の名士に局舎や人を提供してもらい、引き換えに公務員に準じる身分を与えた。こうして国営の郵便局とは別に、次々と生まれた小規模な郵便局が特定郵便局の始まりだ。その後も多くの特定郵便局は、局長や局舎所有者の座が世襲によって子や孫へと引き継がれていく。

戦時中には郵便貯金や簡易保険が戦費の重要な調達手段になり、指揮命令系統を確立させるために特定郵便局長会が生まれた。局長会がその後もトップダウンを徹底した組織であり続けるのは、戦時中の国家統制のもとでできた組織が母体だからだという指摘もある。[*4]

終戦後には局舎の借り上げや人件費の政府負担が始まり、特定郵便局長は国家公務員にもなった。特定郵便局長会はＧＨＱの命令で一度は解体されながら、その後も任意団体として存続。労働組合に対抗する形で自民党にすり寄り、選挙運動にものめり込んでいった。高まる集票力が自民党議員に対する影響力の源となり、郵政官僚から政治家への陳情で頼られるようになり、局長会の政治力そのものを強める結果につながった。

特定郵便局長は定年が長く、原則として転勤がない。世襲が多く、任用も特定局長らが自ら行うなど、様々な優遇策が彼らの政治力によって支えられていた。

２００５年の小泉郵政改革で特定郵便局長会は民営化に強く反対し、小泉政権とは全面対決になった。総選挙で敗れ、一時的には政治力が弱まり、２００６年には特定局長の特権をなくす改革案が示されたこともあった。だが、小泉政権に続く第一次安倍政権のもと、郵便局長会はじわじわと勢力を盛り返し、結果的に特定局の仕組みも名前を変えただけでほぼ温存されている。

2020年9月末時点の郵便局数は、2万3827局。このうち旧普通局である単独マネジメント局は1100程度で、旧特定局であるエリアマネジメント局（エリマネ局）は1万9千弱。このほかに運営を外部委託する簡易郵便局が約3800ある。

単マネとエリマネが別々に運営され、転勤がほとんどなく、統制がきかない実態はその後も変わっていない。地方の旧特定郵便局長を引き継ぐ人が減り、日本郵便の一般社員が特定局長に異動するケースが以前より増えたものの、いびつな上下関係と選挙での総力戦を強いる風習はしっかりと根づいている。

局長の出世を決める組織の存在

旧特定郵便局であるエリアマネジメント局（エリマネ局）は、会社での組織を下から見ていくと、10局前後が「部会」として束ねられ、8前後の部会で構成する「地区連絡会」が全国13の支社のもとに連なる。2020年4月時点で、部会は約1620、地区連絡会は23

８ある[*5]。

数十から１００前後の郵便局を束ねることになる地区連絡会のトップが「統括局長」であり、連絡会には総務や郵便、貯金や保険といった担務を持つ副統括や理事がいる。支社にはそれぞれ主幹統括局長や副主幹といったポストがある。

一方、任意団体である郵便局長会には、日本郵便の組織や各ポストと呼応する組織やポストがある。支社に相当するのが全国に12ある「地方郵便局長会」（日本郵便の関東支社・南関東支社のエリアが集約され、支社より数が一つ少ない）。地方郵便局長会のもとには、全国で計２３８の地区郵便局長会があり、その下に約１６３０の部会がある。部会のリーダー役が部会長を務め、力をつけると地区郵便局長会の会長や副会長となり、さらに一握りの有力局長だけが地方郵便局長会の幹部へと上り詰める。

問題は、局長の〝出世〟を誰がどのように決めているかだ。

日本郵便の主要人事は4月に発令されるのに対し、郵便局長会の人事は3月までに先駆けて実施されるのが基本だ。局長会側の部会や地区会、地方会などの人事が先行して決まり、その後に日本郵便の人事が発令され、結果的には、地方郵便局長会会長が日本郵便の支社主幹統括局長となり、地区郵便局長会の会長が日本郵便の連絡会統括局長となる……という具合に、局長会で決まった役職のほとんどが日本郵便の人事にそのまま反映される。旧特定局の人事を実質的に握るのは郵便局長会だ、と言われる所以《ゆえん》である。局長会に入らなければ、旧特定局での出世も見込めない。

２０２０年１月に就任した日本郵便社長の衣川和秀《かずひで》に、「任意団体である局長で決まった役職が、ほぼ自動的に会社の人事に反映されるのは非常識ではないか」と聞くと、こう答えた[*6]。

「必ずしも自動的に決まっているわけではない。確かに事実関係でみれば、同じ人がなっているというのがあるのも事実。それはやっぱり、ある程度、優秀な方というのは、いろんなリーダー的な役割を担われる方は、同じような人になってくるんじゃないかということじゃないか」

重ねて「多くのポストが局長会の人選と偶然、同じになったのか」と尋ねると、衣川はこう返した。

「会社は会社として決めている。結果的にそうなったということで結構だ」

ドロドロの出世レース

郵便局長会ではリーダーがどんなふうに選ばれるのか。

九州地方で地区郵便局長会の役員を務めた経験者が、ドロドロの〝出世レース〟の実態を教えてくれた。[*7] なお、ここで紹介するルールや仕組みは地域によって多少の違いがあることを前置きしておく。

局長会の最小組織「部会」のリーダーである部会長は、８人前後の局長の間で最も支持を得た者が選ばれるとされる。実際には、部会長の交代は前任の退職や上部組織への昇格にともなう場合がほとんどで、前任の部会長が後任を選ぶ、というパターンが多いようだ。

部会の一つ上の「地区郵便局長会」の役員（会長、副会長、理事）は１期２年で、２年ごとに選挙が行われる。日本郵便での４月の人事異動に合わせるように、地区局長会の人事はおおよそ２月前後までに固まり、３月から新体制がスタートする。

九州地方のある地域の場合、地区郵便局長会に属する部会がそれぞれ一人の「役員候補」を推薦する。すでに現職の役員がいればその人を、いなければ部会長を推薦する。

たとえば、会長と副会長２人、理事２人の計５人の役員を決める地区会に10の部会があれば、10人の候補者が推薦される。選挙では10の部会がそれぞれ5人に投票する権利を持ち、得票数の多い順に役員が決まる。一つの部会が同じ人に2票は投票できないため、理論的には6票を取れば役員入りが確実になる。5人の役員が決まったあとは、各部会1票の投票で会長と副会長を決め、残る理事の担務は会長が決める、という流れだ。

醜い駆け引きは、その水面下で繰り広げられる。

役員選挙の季節が近づくと、部会長には酒席の誘いが増える。顔を出せば、「今度の選挙はどう?」と腹を探り合い、聞いた話や噂を伝え聞くやりとりが続く。

上から下に「この人に投票して」と露骨に頼むようなことは少ない、と元役員は振り返る。偉い人の発言や振る舞いをまわりが忖度し、腹の探り合いを重ねて〝選挙活動〟が進んでいくのだという。

たとえば、地区局長会長が「あいつは九特（九州地方郵便局長会）から嫌われとるから、考えんとな」とこぼすと、周囲は「ああ、『入れるなよ』と言いおったな」と受け止める。「あんたもそろそろ年だから、入れてもよか」と言われれば、その部会長は「いよいよ俺の番か」と受け止める。会長の言葉は様々な意図も映しながら、聞いた者の周囲や配下へと伝播していく。多くの部会長が「いずれは役員に」という思いを秘めながら、会長の思いを忖度し、それに応えようと動き回る。

地区局長会長になると、どんなに小さな郵便局の局長であれ、日本郵便の地区連絡会の統括局長にも選任され、地区内にある100超ある郵便局の「会社人事」もほぼ一手に握る。これが圧倒的な権力の源泉となる。

意にそぐわない社員は遠くへ飛ばし、成績のいい社員で自局を固める。会社での人事評価や昇格にも強い影響力を持ち、出世したいイエスマンが重用され、不満や反論を口にしにくい組織風土が醸成されやすい。

さらに地区局長会には、局長たちから集めた会費の一部でまかなわれる特別経費があり、その使途を決める権限もあるようだ。地区局長会の飲み会や帰りのタクシー代などが特別経費でまかなわれるほか、部会単位の懇親会に会長が顔を出してお金をぽんと置いていく。

地区局長会長はそうした「人事」と「カネ」を駆使しながら統括局長としての座を守り、上部組織である地方郵便局長会への役員入りを目指して奔走する。地方郵便局長会の先には、全国郵便局長会という〝頂点〟も控えている。

ただ、ときに波乱も起きる。役員に上げようと画策した人物が外される。会長を追い落とそうとして失敗する。あるいは、実際に会長が引きずり下ろされた例もある。そうした地区局長会では、選挙のあともしこりが残り、血みどろの報復合戦に発展することもある。

地区局長会の元役員は、こう話す。

「統括局長が冷静に人事などを判断できる人ならいいが、好き嫌いで人事をもてあそび、結果的に組織も弱らせるパターンのほうが多い。日本郵便という組織にとって、局長会がいい影響を与えているとは残念ながら思えない」

除名される通報者たち

〝特定局の鉄則〟を振りかざす冒頭の郵便局長は、地区郵便局長会の会長であり、九州地方郵便局長会の副会長でもあった。そして、当然のように、日本郵便の地区統括局長と、日本郵便九州支社副主幹統括局長も兼任していた。

そんな〝大物局長〟が常識外れの「通報者捜し」に動いていたことは、日本郵便九州支社コンプライアンス室にも連絡が入っていた[*8]。

２０１９年１月24日に不当な通報者捜しが起きてから１週間後。部会のメンバーが再び同じ公民館に集められ、当の副主幹統括局長が登場して土下座して謝るという一幕があった。

本社コンプライアンス担当役員の東小薗聡から注意されたためだとみられ、同年春には懲戒戒告処分も受け、統括局長などの役職も降りてヒラ局長となり、出世は見込めなくなった。通報者捜しに加担した部会長への処分の有無は不明だが、まもなく別の地域の郵便局に転勤していった。組織として最低限の対応はとられたのかもしれない。

しかし、通報者と疑われた局長たちには、その後も「嫌がらせ」や「腹いせ」としか思えない攻撃が続いた。

問題の副主幹統括局長は、地区郵便局長会の会長の座も急きょ降りたものの、単なるヒラ局長に戻ったのではなく、「相談役」に据えられた。

その地区局長会長の後任を決める２０１９年3月の会合では、地区会の理事だった郵便局長が「内部通報者捜しがあって引責するようだ」と報告したところ、ほかのメンバーから「中傷だ」「名誉毀損にあたる」と非難を浴び、局長会を「除名処分」された。別の局長も、判然としない理由で除名になった。2人はいずれも、通報者捜しが繰り広げられた部会に属していた。

地区郵便局長会のメンバーらはその後、除名した2人の局長に対し、日本郵便の役職も降りるよう迫ったり、九州支社の人事部門に役職を解くよう掛け合ったりもした。同じ部会に属するほかの局長も、会合で厳しい言葉をぶつけられ、役職を降りるよう求められた。

通報者らは次第に孤立を深め、うつ状態と診断されて休職する者が相次いだ。こうした情報も九州支社コンプライアンス室に届き、九州支社総務人事部が調査したこともあるが、業務中の言動でパワハラが認定されることはなく、任意団体である局長会の活動での言動は業務外だと突き放した。

結局、6人の通報者を含む計7人の郵便局長が2019年秋、元副主幹統括局長と複数の幹部局長を相手取り、通報者捜しとその後の不利益などで精神的苦痛を受けたとして、損害賠償を求める訴訟を起こすまでに至った。

福岡県警も同時期から捜査に乗り出し、2020年1月には、元副主幹統括局長が一部の局長に通報者と認めるよう迫ったとして、強要罪の疑いで福岡地検に書類送検した。

通報者捜しは「指導の一環」

郵便局長7人が元副主幹統括局長を含む3人の有力局長に慰謝料を求める訴訟は、福岡地裁で続いている。被告となった元副主幹統括局長側は、請求棄却を求めて争っている。

元副主幹統括局長は裁判所に提出した書面で、一連の発言をしたことは認めつつ、こう主張している。

〈被告（元副主幹統括局長）の性格等を知り尽くす原告が、あえて激怒する態度・発言をとり、不穏当な言辞を引き出したのではないか〉

〈原告と被告は親子のような関係。被告自身、原告を実の息子のようにかわいがり、強い絆を築いていた。何でも腹を割って言い合える仲だった〉

〈厳しい口調で叱責することはあったが、どこの会社にも見られる程度のもの〉

〈原告は被告が怖くて（息子である局長の行為を）報告できずに内部通報したと主張するが、およそ信用できない〉

内部通報制度については、独特の考えを披露している。

〈内部通報したのが郵便局長なら、被告が最も重視する郵便局長同士の絆・結束にひびが入り、修復できなくなるのではないかと考えた〉

〈（通報内容が）不処分となったため、絆・結束を取り戻そうと考えた。内部通報者捜しをするつもりは毛頭なかった〉

そして、一連の通報者捜しは〈あくまで指導のつもりだった〉と強調した。

被告側は、ほかの地区郵便局長会幹部らが降職を求めた行為も認めつつ、「あくまで任意の相談・お願いに過ぎない」と主張している。

元副主幹統括局長の言葉は、音声を配信した朝日新聞デジタルなどで聞くことができる。その迫力あるやりとりが「どこの会社にも見られる」と本気で考えているのなら、彼らの〝常識〟はやはり世間のそれとはかけ離れているのではないか。

被告側の弁護士には書面と電話で何度か取材を申し込んだが、コメントを得ることはできなかった。

2・3　内部通報制度の欠陥

無視されたガイドライン

日本郵便の組織としての対応にも欠陥がある。

消費者庁が取りまとめた内部通報制度の民間向けガイドラインには、内部通報制度の通報窓口を整備して広く周知するだけでなく、通報者を守ることが制度を機能させるために重要だと、明確に書かれている。[*9]

ガイドラインでは、通報者が特定されないよう配慮を尽くすのはもちろん、通報内容の共有範囲は最小限とし、通報を受けて調査に乗り出すときは、調査の端緒が通報だと知られないよう工夫することも求めている。定期的な調査に紛れ込ませたり、複数の郵便局に抜き打ちを仕掛けたりする手法も紹介されている。

通報者の探索や通報者への不利益な取り扱いを禁止し、不利益な取り扱いをしたり通報を漏らしたりした場合は当事者を処分し、不利益の救済・回復を図ることが必要だとしている。

では、福岡での事例はどうだったか。
前述の通り、通報を受けた本社コンプライアンス担当役員が、調査対象者の父親に連絡を入れ、「複数からの通報」を知らせていた。たとえ相手が管理責任者でも、通報があったと調査開始前に知らせたことは、結果から見ても、ガイドラインの趣旨に背くのではないか。

さらに、日本郵便本社には全国郵便局長会の元会長である専務（当時）がおり、統括局長とも親しいとみられていたため、内部通報文書には「専務には言わないで」とも明確に書かれていた。それにもかかわらず、この専務も早い段階で情報を共有し、通報者の一部に連絡していたことが判明している。[*10]

通報者が「秘密にして」と懇願する相手でも、通報者の同意を得ることもなく、通報の事実や通報者の情報を即座に明かしていたのだ。これでは、通報制度の意味がないばかりか、通報は決してしないほうがいいと知らしめているようなものだ。

通報者捜しに対しては、懲戒処分を出して統括局長の役職も解いてはいる。だが、処分の事実や降職の理由を社内でも明かしていない。通報者のほうは一部が局長会で除名となり、会社の役職を降りるよう迫られて心を患い、降職や休職に追いやられた者もいたが、そうした「不利益」を回復しようとした形跡はない。

日本郵便は筆者の取材に対し、「(内部通報制度は) ガイドラインに沿って運用し、通報には適切に対応している」と回答した。ただし、個別の事例についてはコメントできないとし、非を認めることはなかった。[*11]

「告発したら潰される」

日本郵政グループの内部通報制度に重大な欠陥があることは、かんぽ生命の不正問題でも浮き彫りになっていた。

２０１９年９月から立ち入り検査を実施した金融庁は、不正な保険営業などで社員の通報がありながら、それをコンプライアンス部門が積極的には調べず、担当部署に情報を横流しする例がある、などと指摘していた。[*12]

たとえば、中部地方で保険営業に携わっていた郵便局員は２０１８年、不正を繰り返している疑いが濃い同僚の情報を、日本郵便の内部通報窓口に届けた。[*13]

問題の社員は営業推進指導役という肩書で、地域の郵便局を回って保険営業の成績が上がるように指導する立場だった。だが、指導を名目に出向いた先の郵便局で、高齢客を相手に

都内の郵便局に張られた内部通報のポスター

いい加減な説明で契約件数を伸ばす一方、相談を受けた家族からの抗議や申し込みの撤回が相次いだ。地元密着で働く郵便局員にとっては、指導役が契約件数だけ荒稼ぎして顧客の信頼関係を壊していくのは迷惑でしかない。

通報した郵便局員は、コンプライアンス担当者から連絡を受け、不正な勧誘を目撃した状況や顧客の名前などを詳しく聞かれ、局員も保険の契約番号に至るまで詳細な情報を伝えたようだ。ところが、知りうる限りのことを伝えたあとに、こう言われた。

「我々が調査すると、通報者が捜されて特定される可能性もあるが、それでも大丈夫ですか」

大丈夫なわけがない。通報した局員が「それは困る」と答えると、そこから話はうやむやになったと、悔しそうに職場でこぼしていた。不正の疑いがある同僚はその後も野放しで営業を続け、好成績で昇格もしていったという。

この事例は、氷山の一角に過ぎない。通報制度に関する現場からの訴えは、ほかにも少なからず聞かれた。単に「調べてもらえなかった」ということにとどまらず、「通報者が特定されて恫喝された」「人事で飛ばされた」という趣旨の話もある。彼らが口をそろえて言うのは「告発したら潰される」ということだ。

2・4　パワハラ体質と負の遺産

調査能力が低い「郵政監察官」

民営化前の日本郵政グループには、特別司法警察職員として犯罪捜査や逮捕状請求といった権限を持つ「郵政監察官」がいた。郵便物の盗難や貯金の横領に目を光らせ、犯罪の疑いがあれば自ら捜査もする。事実上の警察官だ。

郵政監察制度は、2007年の郵政民営化とともに廃止され、普通の会社と同様の監査部門に衣替えした経緯がある。その後も日本郵便のコンプライアンス部門の中枢は、元監察官らが占めている。彼らは犯罪に直結する案件は積極的に調べる一方、金融商品の不適正営業やパワハラといった不正行為の調査には及び腰で、調べる能力が欠けている疑いもある。

裏付けるデータがある。

日本郵便の内部資料によれば、２０１８年4月～２０１９年2月に日本郵便の内部通報窓口が受けた通報件数は約１６６５件で、前年より38％増えた。[*14] 通報が増えることは、通報窓口が周知された効果でもあり、悪いことではない。

通報内容でとくにめだつのが、「パワハラ関連」だ。

２０１８年４～12月のパワハラ関連通報は３７２件で、前年同期より8割増え、全体の３割を占めるようになった。

ところが、通報を受けてコンプライアンス部門が調査に乗り出したのは48件（13％）で、パワハラだったと事実認定したのは2件（０・５％）しかなかった。調査しなかった事例の理由としては「抽象的内容」「発生局・加害者不明」「誹謗中傷」などが挙げられている。

同じ期間の内部通報全体では、通報の3割について調査し、全体の5％ほどが事実と認定されていた。通報内容は、お金や郵便物などの取り扱いをめぐる「不適正事務」や「防犯重点ルール違反」が多い。パワハラ通報の調査率や事実認定率は、ほかの案件と比べると、相対的に低い。パワハラの調査に難しい側面があることを勘案しても、この割合は低すぎるのではないか。

資料では、次のような通報内容の事例があったとも紹介されている。

・「言うこと聞かないなら他局に飛ばすぞ」と恫喝した（精神的な攻撃）
・夜９時半まで営業電話をさせ、アポが取れるまで帰さなかった（過大な要求）
・朝礼で「人としてクズ」「給料泥棒」のような発言をした（個の侵害）
・社員が見ている場で怒鳴りながら後ろから足蹴りしていた（身体的な攻撃）
・業務上必要な資料を渡さず、必要な情報を教えなかった（過小な要求）

こうしたデータについて、通報制度に詳しい弁護士の山口利昭《としあき》は、こう評価する。[*15]

「（パワハラの）調査対象が１割強というのは少ない印象だ。パワハラへの意識や感度が低く、通報への適切な対応ができていないのではないか。パワハラにはブラック企業との評価や職場環境悪化などにつながるリスクがあり、通報は積極的に調べるべきだ」

日本郵便のパワハラ体質は、かんぽ生命の不正営業へと郵便局員を追い立てた要因の一つでもある。だが、日本郵政グループが２０２０年１月にとりまとめた業務改善計画では、パワハラそのものへの対応策は特段、盛り込まれていない。

形ばかりの「はりぼて」

2020年の通常国会では、内部通報者を守るための公益通報者保護法の改正案が提出され、成立した。

300人超の組織には、内部通報制度の体制整備を義務づけ、通報者が特定されないよう調査担当者には罰則つきの守秘義務が課せられる。ただ、通報者が不利益な扱いを受けた場合に行政機関が指導・勧告できるようにすることは見送られた。改正法は2022年までに施行される。

日本郵政グループはかんぽ問題の発覚後、「金融営業専用の社外通報窓口」と、グループ社員向けの「業務相談窓口」を2020年2～3月に新設した。問題の兆候を早期にキャッチするのが目的で、法改正の動向も意識したものだ。

だが、今のままでは形ばかりの「はりぼて」をさらに拡充させるだけで終わる。それまでの内部通報制度だって、「形」だけは立派だったではないか。

肝心なのは、通報があれば本気で調べる姿勢や能力を備えているかどうか。そして、通報者捜しや報復のように通報制度の趣旨を否定する行為は断じて許さない、という毅然とした姿勢を経営陣が明確にできるかどうかだ。

郵政グループはそのどちらも欠けている。そのもとで、通報者に不利益を与える行為が平然と繰り返され、社員の期待や信用は回復のしようもないほどに裏切られ続けてきた。「本社や支社は決して信じるな」という痛烈な不信感が組織全体に醸成されている。これは歴代経営陣による「負の遺産」の一つで、かなり深刻なレベルに達している。

通報者捜しの検証を避けた報告書

日本郵政グループの外部有識者委員会が２０２１年１月に公表した検証報告書では、内部通報の社外窓口を請け負う法律事務所の弁護士が、通報者の同意がない場合でも、受け付けた通報内容をすべて日本郵政の担当者に伝え、そこから子会社へも情報が流れていたことが明かされている。通報者が特定できる内容も含まれているというから、衝撃は大きい[*16]。

検証報告書では、各社の支社コンプライアンス部門には、調査や事実認定の能力が不十分な担当者が配置されていると指摘されている。日本郵便では、通報を支社などに丸投げする「支社等案件」が多いことにも触れられている。それが原因で通報者の情報が共有され、〝犯人捜し〟を助長していたのではないか。

一方、検証報告書は、本章で詳述した有力郵便局長による通報者捜しについては、「不信感の醸成に相当影響を及ぼしている」と軽く触れただけで、中身に斬り込んで検証することは避けている。経営陣やコンプライアンス部門、全国郵便局長会への忖度が働いたのでは、と思わせる内容だ。これでは社員の信頼回復に役立ちようもない。

通報制度の本来の機能を取り戻すには、当然、歴代経営陣やコンプライアンス担当部署が制度運用になぜ失敗していたのかを、徹底的に検証することが出発点になる。問題の根本原因を特定し、その反省に立って制度運用のあり方を見直すしかない。経営者の毅然とした言葉や態度が説得力を持ち、実際に制度が機能しているという実例も示す必要がある。そうして長く足蹴にしてきた従業員の信用をほんの少しずつ取り戻していくことでしか、実質的な機能を備えた制度運用にはたどり着けない。

残念ながら、立場が上がるほど非を認めようとしないのが、郵政幹部たちの一貫した特性だ。その傾向は、ゆうちょ銀行の不祥事でも如実に表れている。

＊１　関係者提供２０１９年１月24日午前音声データ
＊２　２０１９年10月25日付「訴状」など福岡地裁提出の裁判記録
＊３　関係者提供２０１９年１月24日夜音声データ
＊４　山脇岳志『郵政攻防』１８１ページ
＊５　日本郵便調査・広報部２０２０年８月20日筆者取材回答
＊６　衣川和秀２０２０年２月19日報道各社合同インタビュー
＊７　九州地方の元地区郵便局長会幹部への２０１９年９月14日筆者取材など
＊８　福岡地裁提出の裁判記録
＊９　消費者庁２０１６年12月９日「公益通報者保護法を踏まえた内部通報制度の整備・運用に関する民間事業者向けガイドライン」
＊10　２０１９年11月15日「会話録音反訳書」（２０１９年３月７日分）など福岡地裁提出の裁判記録
＊11　朝日新聞２０２０年２月25日付朝刊
＊12　朝日新聞２０２０年４月29日付朝刊
＊13　中部地方の郵便局員への２０１９年８月～２０２０年１月筆者取材
＊14　日本郵便コンプライアンス統括部「２０１８年度内部通報窓口の利用状況」（内部資料）
＊15　山口利昭への２０２０年２月10日筆者取材、朝日新聞同月25日付朝刊
＊16　ＪＰ改革実行委員会２０２１年１月29日「日本郵政グループの内部通報窓口その他各種相談窓口等の仕組み及び運用状況等に係る検証報告書」

第3章

病根──「被害者を見捨てる」銀行の論理

日本最大の預金量を誇るゆうちょ銀行で、「銀行」と呼ぶのも憚《はばか》られる事態が次々に露呈している。

顧客から預かるお金を抜き取られる被害が相次ぎ、多くの口座が危険だとわかっても、顧客に注意を呼びかけようとはしなかった。不正を防ぐ対策を講じるのが遅れ、被害の拡大を止められなかった。補償対応は提携先にほぼ丸投げで、３年以上も補償せず放置していた被害者もいた。

経営幹部の言動からは、鮮烈な「事なかれ主義」が浮かび上がる。問題が起きてもなるべく矮小化し、へたをすればウソをついてでも隠そうとする。叱られても自己弁護に走り、失敗はなかなか認めない。矛盾があっても無理を押して正当化する。何事もなくいまの役職を平穏に過ごすことが重視され、問題が起きたり批判されたりすることは許されない、という価値観に覆われているかのようだ。

危機対応能力の低さにも通じる独特の組織風土。その中身を詳しく見ていく。

3・1　抜き取られた預貯金

銀行ビジネスの信用が根底から揺らぐ

問題発覚のきっかけは2020年9月初め、地方銀行の顧客から、口座のお金が「ドコモコウザ」によって引き出されているとの声がネット上で上がったことだ。NTTドコモが提供する電子決済サービス「ドコモ口座」へと、口座振替によって預金が流出していたのだが、被害者の多くは電子決済はおろか、ドコモの携帯さえ使っていなかった。

顧客の資産が不正に抜き取られるという、銀行ビジネスの信用を根底から揺るがす事態に、地銀勢は大慌てになった。不審な取引をしらみつぶしに調べ、預金の流出が疑われる顧客に電話を入れ始めた。被害状況をホームページで公表し、顧客に注意喚起を促すところも少なくなかった。セキュリティーの甘さが判明したNTTドコモも批判を浴びていた。

ただ一行、ゆうちょ銀行だけは悠然としていた。

同行広報部は複数の被害が出ていることだけは認め、被害の件数や金額は「非公表」に徹した。

９月11日にあった日本郵政グループ４社長による記者会見に出ていたゆうちょ銀行社長の池田憲人《のりと》は、「被害があれば全額補償」との方針だけは示した。だが、不審な取引の調査は準備段階だといい、顧客に注意を呼びかける言葉は私が聞くまで出てこなかった。[*1]

池田はその場でこうも訴えた。

「私どもはセキュリティーをいちばん気にしている。現在は24時間体制で、相当の人材を投入してウォッチしている。お客さまに迷惑をかけないように、すでに２０１７年ごろから、きちんと対応するようにしている。そこは念を押して申し上げておく」

その〝念押し〟の言葉が被害者の怒りに火をつけ、真逆の事態が露見する号砲となった。

被害に遭っても泣き寝入り

記者会見の３日後。私は千葉県内のファミレスで、20代の高校教諭の女性と会っていた。[*2]
彼女は１年ほど前の２０１９年８月９日、光熱費の支払いなどに利用しているゆうちょ口座から、４万７０００円が２回、計９万４０００円が抜かれているのに気づいた。抜かれたのは3日前の8月6日。お金の行き先は「ウェルネット」と表示されていた。聞いたこともない会社だ。

ゆうちょ銀行のコールセンターに電話しても、キャッシュカードを止めるだけで、補償はしてくれなかった。残る貯金を引き出すために郵便局の窓口に出向くと、郵便局員が親身に話を聞き、「上司に掛け合ってみる」と応じたが、結果は「相談してもダメだった。何もできない」だった。

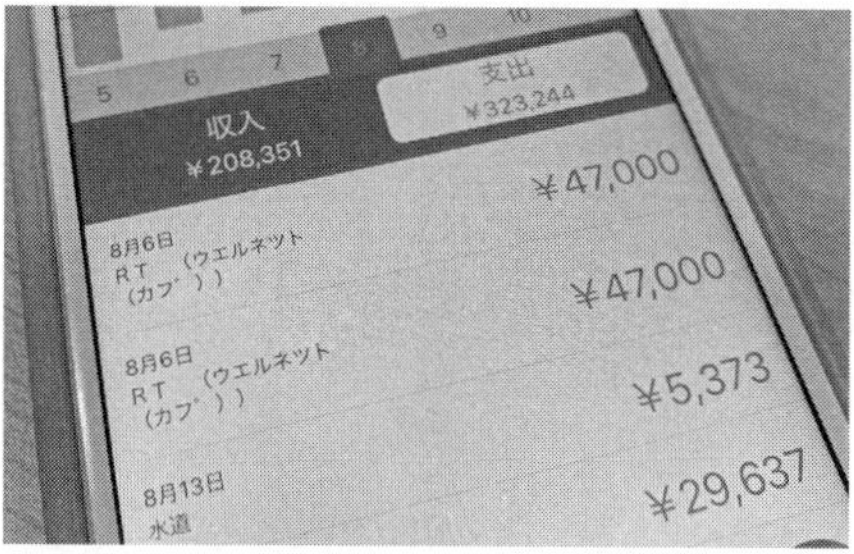

20代の女性は口座から計9万4000円が抜き取られていた。ゆうちょ口座のアプリ画面

お金が流れたウェルネット社は、ゆうちょ銀行の口座振替が使える決済アプリ「支払秘書」を提供していた。メールで問い合わせると、8月6日の午前10時3分と同9分にお金がゆうちょ口座から引き出され、アプリを通じてJR西日本へ流れた、と教えられた。鉄道のキップが買われていたようだ。千葉県警にも相談したが、4カ月ほど調べたのちに「お手上げ」と打ち返され、そこから捜査は進まなくなった。

女性はウェルネットに対し、お金を返すよう繰り返し求めた。同社は「弊社・ゆうちょ銀行では対応できかねる」「当社としては返金対象外の扱い」と突き放した。後日、９万４０００円のうち、決済されずに残っていたという７０００円だけ返すと伝えてきた。あきれ果て、年明けには泣き寝入りを決めたが、２０２０年９月にドコモ口座のニュースを見て、「私と同じじゃん」と思わずにいられなかった。その友人からの知らせで私とも巡り合った。

ファミレスで話を終えたあと、女性がゆうちょ銀行のコールセンターに再び電話すると、今度は「補償も含めて検討する」と返ってきた。前年とは態度が変わっている。ドコモ口座の問題がなければ、補償されなかったのではないか。こうした被害者が少なからず放置されていたことが判明するのは、もう少し先のことだ。

〝コンニャク問答〟

翌9月15日午前。ドコモ口座以外にも被害が出ているのではないかと、私がゆうちょ銀行に疑問をぶつけるよりも早く、総務相を退任目前だった高市早《さ》苗《なえ》が動き出した。記者会見でこうぶちまけたのだ。[*3]

「ゆうちょ銀行が提携する振替サービス業者６社で被害が生じている。つまりＮＴＴドコモだけではない。２社は利用停止だが、残る４社はサービス継続中と聞いている。幅広く不審な出金がないかどうか、確認してもらわないといけない。少し言い過ぎたかもしれないが、多くの方々の大切な財産を守ることだから、あえて申し上げた」

ゆうちょ銀行は９月10日に、こうした内容を総務省には報告していた。高市の記者会見のために用意された想定問答では、被害状況まで明かす予定はなかったが、ゆうちょ銀行が11日の記者会見でも被害を公表しなかったことに高市がしびれを切らし、あえて言及することにした。

慌てたゆうちょ銀行は、常務の田中隆幸《たかゆき》が15日夕に記者会見を開き、高市の発言内容だけは追認した。[*4] だが、被害が出たサービス名は「防犯上の理由」で非公表に。本人確認が不十分だと認めておきながら、それらのサービスは中断せずに続けると説明した。より厳格な本人確認システムを導入するとは言うものの、いつ導入するかは「早急に」と繰り返すだけだった。

ゆうちょ銀行には、１億超の口座がある。今回の不正被害は、４ケタの暗証番号などが盗まれると、決済サービスを使っているかどうかに関係なく、誰もが被害に遭いかねない。１

億超の口座がそうした危険にさらされている恐れがあるとわかったなら、口座振替の「新規登録」や「チャージ」（貯金の引き出し）をいったん止めるべきではないか。口座振替によるチャージを止めても決済自体ができなくなるわけではなく、チャージも別の手段で代替できる。

それでも口座振替を継続する理由について、田中は「決済事業者との調整が必要で、一方的には止められない」と釈明した。まるで事業者のせいで危険な状態を続けざるを得ないかのような言いぶりだ。

記者会見ではこんな〝コンニャク問答〟があった。

筆者「サービス継続は危険ではないか」
田中「危ないということであれば、迅速に対応する必要がある」
筆者「本来は止めるべきでは」
田中「決済事業者側とも調整し、しかるべき対応をしていく」
筆者「いまの状態が危険だという認識はあるのか」
田中「危険かどうかといえば、いろんな判断がある。しっかり事業者のほうに対策をお願いする」

筆者「対策がないままのサービスを止める責任が銀行にあるのではないか」

田中「しっかり対応していきたい」

筆者「しっかり対応していないのでは。サービスを続けて大丈夫か」

田中「私どもの判断もあるし、決済事業者との調整もある。しっかり早急にやりたい」

筆者「ゆうちょ銀行は、危ないから止めなきゃ、とは判断しないのか」

田中「しっかり判断して対応していきたい」

筆者「貯金を危険にさらして『しっかり対応する』だけでいいのか」

田中「しっかり対応していきたい」

のれんに腕押し、とはこのことだ。呆れながら職場に戻り、パソコンを開いて翌朝刊の記事を書き始めた矢先、ゆうちょ関係者から連絡があり、「サービス利用を止める検討を始めた。今夜中に公表する」と教えられた。実際にその後、本人確認が不十分な口座振替サービスは止めるとの発表があり、翌朝までにほぼ全面停止となった。「一方的に止められない」「調整が必要だ」という説明は何だったのか。

翌9月16日午後。ゆうちょ銀行副社長の田中進《すすむ》が記者会見を開き、被害が出たサービス名と件数を公表し、ドコモ口座での被害の過半を同行が占めていたことも明らかにした。[*5]

副社長の田中によると、15日午後の時点では、決済サービスの利便性を優先し、本人確認が不十分でもサービスを続けるという判断を下していた。だが、記者会見の直後、「何の落ち度もない預金者の不安を払拭することを優先すべきだ」と思い直し、全面停止にカジを切ったと説明した。

染み付いた「自己弁護」と「責任転嫁」

9月16日の記者会見ではもう一つ、引っかかる「答弁」があった。

一連の不正引き出し問題では、決済サービスとの口座振替を始めるときの本人確認手続きが、銀行によってまちまちだった。

被害が出た銀行では、名前と生年月日、銀行の口座番号、4ケタの暗証番号の四つの情報を入力すると、口座振替ができる状況だった。一連の犯行は、この4情報を何らかの方法で入手した犯人によるものだとみられる。

被害が出ていない銀行では、４情報による本人確認だけでは不十分と考え、ひと手間を加えたところが多い。登録されている携帯電話に送信したパスコードや、通帳に記帳された残高などを入力させるという2段階の認証がなされていた。大手行で多数の被害が出たのは、ゆうちょ銀行だけだった。

ゆうちょ銀行が提携する決済サービスのなかでも、被害が出たのは2段階認証が未導入のところばかり。ひどい例では9月7日に口座振替を始めた直後に被害が相次ぎ、わずか８日で利用停止に追い込まれた事業者もあった。

ゆうちょ銀行も２０１９年から段階的に、２段階の認証システムを整備していた。だが、提携する12の決済事業者のうち、問題発覚時に２段階認証を導入していたのは２社しかなかった。[*6]

副社長の田中進は記者会見で、こう強調した。

「以前から（2段階認証は）強力にやらなければいけないという認識はもちろんあって、（決済事業者に対して）強力にお願いしてきた」

本人確認が不十分だったのは、提携する決済事業者が対策強化に後ろ向きだったからだとでも言いたいのだろうか。私が「強力にお願いしたのに、なぜ未導入のサービスが多いのか」と聞くと、田中はこう答えた。

「もっと強力にお願いをしておくべきだったのかなという反省はある」

記者会見を中継で眺めていた楽天など複数の決済事業者からは、その日のうちに「2段階認証をお願いされた覚えはない」「認識に相違がある」といった公式表明が相次いだ。[*7]

その真相はともかく、「強力にお願いしたが、もっと強力にお願いすればよかった」という釈明は、注目に値する。釈明の余地のない状況でも、粘り強く自己弁護を試み、責任転嫁を図る。そんな日本郵政グループ独特の体質を象徴している。

残高は258円なのに

翌9月17日。私は東京都内のコーヒーチェーンで、朝日新聞の情報提供窓口に連絡をくれた57歳の男性に会った。新型コロナウイルスの感染拡大の影響で営んでいた飲食店を閉じ、電車賃を捻出するのも難しいから、自宅近くまで来てほしいと言われていた。

話を聞けば、つい10日前の9月7日朝、ゆうちょ口座から計9万円が前夜に抜かれているのに気づいたという。貯金の流出先は他社の決済事業者ではなく、ゆうちょ銀行自身が提供するデビットカード「mijica（ミヂカ）」だった。[*8]

不正の構図はドコモ口座問題とはすこし異なる。男性は２０１９年秋、郵便局の窓口で勧められ、デビットカードをつくって買い物に使っていた。だが、ミジカには会員同士の送金機能があり、抜き取られた９万円はその機能で外国人名らしき何者かに送金されていた。男性自身は送金機能を使ったことがなく、カード裏面の番号が送金に必要なことも知らず、それをネット上で入力したこともない。この犯行はゆうちょ銀行のサービス内で完結していて、犯人はゆうちょ口座の保有者ということになる。

生活が苦しい男性のゆうちょ口座は、残高が２５８円となっていた。すぐにゆうちょ銀行の窓口に連絡し、事情を伝えたが、委託先のカード会社から「補償できるとしても数カ月先になる」と打ち返しがあった。相談した警察署では「似た被害が他にもある」と教えられ、ゆうちょ銀行が被害を隠していると踏んで連絡をくれたという。

翌９月18日の金曜日、私はゆうちょ銀行広報部にミヂカの被害について質問した。すると、広報部は私の取材には回答せずに、連休明けの９月23日午前、ミヂカでの被害が多数出ていることを報道各社に発表した。[*9]

被害に遭っていたのは54人で、抜かれたお金は計３３０万円超。８月８日に４人、９月６

日に７人が被害を被ったのち、ゆうちょ銀行は送金上限額を月50万円から３万円に引き下げたが、その後の９月15日に43人が被害に遭い、16日夜になって送金機能自体を停止させた。「相当の人材で24時間ウォッチ」という社長の言葉は何だったのか。

せめて９月６日の２回目の被害が判明した後に、上限額の引き下げではなく、送金機能を止める対応を取っていれば、43人の被害は防げた。

ゆうちょ銀行が送金機能を止めなかったのは、送金機能の利便性を優先したためだと説明した。ただ、被害に遭いかねないミヂカ利用者が20万人もいたのに対し、送金機能の利用者は半年間で１２００人程度。顧客の大事なお金が盗み取られることへの危機感が薄いとしか思えない。

９月24日に記者会見したゆうちょ銀行社長の池田憲人は、被害の公表や対応の遅れを認め、謝罪と反省の弁を繰り返した。[*10]

ゆうちょ銀行のコールセンターや郵便局に前年の２０１９年までに寄せられた不正引き出し被害は、判明分だけで１８０件超。このうち補償すべきなのに補償されずにいた被害者は少なくとも80人程度で、長い人は３年以上も放置されていたことも明らかにした。

不正被害は２０１７年夏から起き始めていた。被害が出たことは、主要な担当幹部も報告を受けていた。だが、報告を受けながらなぜ補償できなかったかは、「補償が規定されていなかった」と説明するばかり。これには親会社・日本郵政社長の増田寛也《ひろや》も「お客さま視点にまったく立たずにサービスを提供していた」と認めざるを得なかった。[*11]

批判を浴びたゆうちょ銀行は、２０２０年10月には多くの被害者への補償を済ませた。だが、顧客からすれば何の関係もない決済事業者に長らく被害対応を丸投げしたことが、被害の放置につながったのではないか。そんな疑問を記者会見でぶつけても、同行は「決済サービスの提供なかりせば、こんな被害は発生していない」（常務の田中隆幸）と答えるなど、問題の所在をよく理解できていない様子だった。[*12]

３・２　投資信託不正販売

ウソの説明と奇抜な言い訳

目の前で重大な問題が起きても、その事態を直視せず、おざなりな対応で受け流す。へたをすると矮小化したり隠したりもする。そんな体質がゆうちょ銀行の幹部たちに根づいていることは、すでに前年から顕在化していた。

２０１９年９月13日、同行では、高齢者向けの投信販売で不正が横行していたことが発覚し、自主調査の結果を公表していた。[*13]

日本証券業協会の指針に基づき、高齢者に投信を売るときは、事前に健康状態や金融商品への理解、投資の意向などを確認する事前チェックを管理職社員らが行う必要があったのに、その手続きが省かれる社内規定違反が２万件近く判明した。郵便局での不正も含まれるが、件数はゆうちょ銀行のほうが９倍以上も多い。ゆうちょ銀行直営店では91％の２１３店で不正が見つかり、過去１年分の高齢者向け取引の４割超が社内規定に反していた。

ゆうちょ銀行は不正の「発生原因」が五つあると、社内の作成資料には記載していた。ところが、公表資料では三つしか書かれていない。抜け落ちていた項目は、「営業目標・評価」と「組織風土」だ。[*14]

９月13日の記者会見では、不正の発生原因について、高すぎる営業目標に起因するかんぽ生命問題が炎上していたさなかだけに、報道陣からは「ノルマやインセンティブはまったく理由にないのか」との質問が出たが、答えた投資信託事業部長の吉田浩一郎《こういちろう》はきっぱりと否定。「まったく理由にないんですか？」と念押しされても、「営業に対して『大変だ』との声はなくはないが、通常の営業活動の話。この（不適切）事案がそういうものではない」と言い切り、翌朝の主要各紙に「営業目標は原因ではない」と取り上げさせた。[15]

記者会見の５日後に朝日新聞が社内資料の存在をすっぱ抜き、社内では「営業目標」も発生原因の一つに挙げていたことを報じた。この時点で吉田の説明がウソだったことはバレたも同然だが、ゆうちょ銀行は「社内資料で『発生原因』と記した『営業目標』はただの『声』を紹介したもので、『発生原因』ではない」という奇抜な主張を唱え始めた。[16]

この問題を報告した翌10月の郵政民営化委員会でも、委員長の岩田一政《かずまさ》が朝日新聞報道も踏まえ、数値目標や組織風土との関連を指摘したが、常務の西森正広《まさひろ》は「営業目標との因果関係、連動性は直接的にはない」と否定した。[17] 往生際の悪さには、ただ驚くしかない。

ゆうちょ銀行本社は、ＪＰ労組（日本郵政グループ労働組合）からも「数字（目標）に追われ、管理者等のチェック機能が働いていなかったのではないか」と指摘されていた。[18] 支店行員の間にも「ノルマに追われ、細かいルールは後回しにした」との声があり、それをムキになって否定する経営幹部らの姿勢に失望する声も聞こえてきた。

２０２０年１月に就任した日本郵政社長の増田寛也が社内資料を確認し、「営業目標のプレッシャーが原因で、お客さま本位の活動がおろそかになった面があった」と認めると、ゆうちょ銀行は主張を転換する。投資信託事業部長の吉田は２０２０年3月に「目標を重視するあまり手続きを安易に考えたというのがなくはない」とそれまでの発言を翻し、社長の池田憲人に至っては9月になって「目標がきつかったというのも一つの要素。（２０１９年9月の記者会見は）主因ではないと言ったんじゃないか」とまで言い出した。[19]

じつは件の２０１９年9月の記者会見でも、吉田以外の幹部は問題の発生原因について「主因」という言葉を多用していた。おそらく「営業目標」は「主因ではない」と整理することで、ウソは避けつつ、営業目標との関連を隠し、かんぽ問題とひもづけられて批判されるのを防ごうとしたのが真相だ。ところが、吉田ひとりが思いがけず強く否定してしまい、同席した幹部もそれを修正しなかった。その虚偽説明をさらに正当化しようと、おかしな釈明を上塗りしたのだろう。自己弁護と自己正当化が最優先事項となり、本来の目的を見失っている典型だ。

問題発覚の1年後に改めて見解を求めて取材を申し込むと、同行常務で広報担当の新村《しんむら》真《まこと》が、こう回答した。[20]

「昨年（２０１９年）9月の記者会見での受け答えは不適切だった。かんぽ生命の問題が取り沙汰されるなか、同じように営業推進のために起きたと受け取られるのが怖かったのだと思う。その後の広報対応にも問題があった。営業目標や組織風土も不適切販売の一因なのは明らかで、それに対応した施策も打っている」

管理職が記録を捏造

投資信託の不正販売への事後対応では、気になることがもう一つあった。

事前チェックの手続きを省いたことがバレないように、多くの管理職社員らがウソの記録を大量に作成していたのだ。本来なら、顧客本人に電話などで様子を確認すべきところ、そうした電話などはしていないのに、電話をしたという実績を架空の日時とともにチェックシートに書き込んでいた、というのだ。

この点も、先の記者会見で報道陣が詳しく経過を聞くうちに明らかになったもの。公表資料には書かれておらず、郵政民営化委員会への報告でもまったく触れていなかった。あわよくば知られずに済ませたい、と考えたのではないか。

ゆうちょ銀行は、不正の発生原因は〝ルール趣旨の認識不足〟が主因だと主張している。

かみ砕けば、「行員たちは事前チェックのルール（社内規定）は知っていたが、守るほど大事だとは思っていなかった」ということになる。

だが、顧客への投資勧誘といえば、銀行の個人向け営業の「要」の一つだ。そこで「大事とは思わなかった」という子どもじみた動機で、易々と社内規定を破れるだろうか。

しかも、必要な手続きをただ省くだけでなく、管理職社員らが「記録を捏造する」という高いハードルを乗り越えてまで規定を破っていた。そこには、不正な行為をしているという明確な「自覚」と、それを隠そうという強い「意思」が表れている。強烈な「動機」があるのは明白で、それを小学生のような言い訳で片付けるのは、上場企業の不正検証としてはあまりにお粗末だ。

かんぽの不正問題では、過剰な営業目標に現場の郵便局員が追い立てられ、高齢顧客をだましてでも契約をもぎ取る不正が横行した。同じ構図は、ゆうちょ銀行にも当てはまる。

ゆうちょ銀行の２０１８年度の投信販売額は８９１０億円で、前年度より２割も伸ばした。同行の業績を牽引するグループきっての成長分野であり、ここ数年はその目標販売額も大幅に引き上げてきた。

過大な営業目標に追い立てられ、必要とされる手続きをひとつ省くだけでなく、そのためにチェックシートの捏造にまで手を染める。あってはならないことだが、郵便局では当たり前になっていた過酷なノルマ管理を思えば、似た組織風土がゆうちょ銀行の現場に蔓延っていても不思議はない。

発生原因の分析を間違えば、対応する再発防止策も間違ったものになる。

ゆうちょ銀行は社員らの「意識・認識」に問題があったと結論づけ、社員研修を改善策の肝に据えている。高齢者への事前確認は「大事だよ！」と教えてあげれば、今後はルールを逸脱しないようになる、というものだ。社員をバカにするにもほどがあるが、これでゆうちょ銀行の直営店での投信販売は自粛することなく続けられることになった。

この問題でゆうちょ銀行は、２０２０年３月までに社員８０７人を「注意処分」とした。ほとんどが支店の行員で、本社社員は５人だけだった[*21]。

もはや自主調査の分析結果にも疑問符がつくが、より深刻なのはそうした不正の原因よりも、問題を隠そうという体質が経営幹部に深く根ざし、それを報じられてもただそうとさえしないところにある。

3・3　郵貯ビジネスの実態

危ない橋

郵便貯金は、郵便事業の開始から4年後の1875年にスタートした。戦時中は戦費の主要な調達手段となり、貯蓄奨励の運動とともに膨張した。戦後は金利が高めの定額貯金を武器に、全国の郵便局が資金集めに奔走した。

長らく300万円だった貯金の預入限度額は1988年に500万円、1990年に700万円、1991年に1000万円へと拡大。バブル崩壊後の1990年代後半に相次いだ民間金融機関の破綻と信用不安も、「政府保証」のつく郵貯・簡保への資金流入を後押しし、ピーク時の1999年には貯金残高が260兆円に達した。

市場より金利が高かったのは、集めた資金を旧大蔵省に預ける義務があり、大蔵省が財政投融資の資金として政府系金融機関や日本道路公団などの特殊法人に高めの金利で貸し込んでいたからだ。郵貯の膨張で財投も膨れ上がり、放漫な貸し込みによって無駄な公共事業や赤字の垂れ流しを生んだことが批判の的になった。

この「全額預託」の仕組みは、財投改革によって２００１年度に廃止され、郵貯資金は全額の自主運用が始まった。財投から戻るお金は多くが国債に振り向けられ、運用資産は利回りの低い国債に入れ替わった。２００７年秋の民営化時で郵貯の国債保有残高は１５５兆円にも膨らんだ。簡易保険と合わせて発行残高の４分の１を占めるようになり、国債市場に与える影響も無視できなくなっていた。

郵政民営化は「官から民へ」のキャッチフレーズで推進されたが、巨額の資金を抱える郵貯が銀行と肩を並べてしのぎを削れば、銀行業界の脅威になるとの「民業圧迫」批判がつきまとった。

だが、郵貯の〝ビジネス〟の実態は、巨額の資金は抱えていても、資金運用を長らく財投に丸投げし、自主運用に変わっても低利の国債を買い入れるだけ。リスクのある投資はおろか、人や企業にお金を貸して利息を稼いだ実績もなく、銀行のライバルとなるには経験があまりにも乏しかった。

むしろ経営効率の悪さから、郵政民営化は「危ない国立銀行を何とかすること」が本質だったという見方もある。[*22]

預かる資産は大きくても、金利低下が進む国債の「一本足打法」では経営がじり貧だ。かといって投資に手を広げれば運用に失敗するリスクが膨らむ。経営が行き詰まったときに、国営の銀行では巨額の財政負担を強いられるが、民営の銀行なら預金保証は民間金融や日本銀行も出資する預金保険機構が引き受け、一人あたり１０００万円が上限となるため、破綻処理は進めやすくなる。

はたしてこれは杞憂で済むだろうか。

民営化してもノウハウがない

東証一部への上場から丸5年が過ぎた２０２０年11月4日、ゆうちょ銀行株の終値は８４９円をつけた。ちょうど5年前の上場初日の終値１７１８円の半値を下回っている。

ゆうちょ株の89%を握る親会社の日本郵政は、保有する株式の簿価を株価が大幅に下回った影響で、２０２１年3月期で3兆円規模の特別損失を計上することになった。連結決算への直接の影響はないものの、個人株主を惹き付けた高めの配当性向を維持するため、帳簿上の資産を取り崩す見込みだ。

２００７年10月の民営化で「ゆうちょ銀行」がスタートする際、三井住友銀行頭取から初代日本郵政社長に転じた西川善文《よしふみ》は、預入限度額の拡大や廃止を求め、さらには個人向けローンや中小企業向けローン、保険の窓口販売や外貨預金など、銀行業務に幅広く参入する意欲を示していた。[*23] だが、政府が郵政株の多くを保有したままでは「民業圧迫」の批判を払拭できないうえに、「そもそもノウハウがない」という問題もあった。

それから10年余りが経過したいま、ゆうちょ銀行の個人向けローンは、提携先の住宅ローンやカードローンを取り次ぐ仕事にとどまる。超低金利の金融環境のもと、預かったお金を貸して稼ぐという「預貸ビジネス」そのものが先細りで、銀行業界は新たな収益源を必死で模索している。

ゆうちょ銀行が収益の「芽」として育ててきた金融商品販売と決済ビジネスも視界不良だ。投信販売は２００５年のスタートから順調に売り上げを伸ばしたが、経営陣が現場の実態を無視した営業目標を押しつけ、社内資料を偽造する不正が横行する事態を引き起こした。電子決済サービスでは、不正な引き出し被害が多数発生し、安全性のもろさと危機対応能力の低さが露呈した。

結果的にゆうちょ銀行の収益構造は、今もまだ資金運用に依存している。ただし、その中身は色合いが変わってきた。

民営化したときには運用資産の9割近くを占めた国債は、２０２０年3月末に3割弱まで縮小した。保有額は１５５兆円から53兆円と、ほぼ3分の1に縮んでいる。

入れ替わるように増えたのが、海外企業の社債などで構成する「外国証券等」だ。２０２０年3月末で65兆円超と運用資産の32％を占め、過去10年で十数倍にも膨らんでいる。年間の利息収入は保有国債の４２８１億円に対し、外国証券は７８７４億円で最大の「稼ぎ手」となっている。

ただ、満期まで保有すれば元本が戻る国債とは異なり、外国証券などは金融市場の動向に影響を受けやすく、紙くずとなるリスクもある。ゆうちょ銀行が分類する「リスク性資産」の運用残高も約85兆円と急伸している。ここには高リスクの債券を束ねたＣＬＯ（ローン担保証券）も含まれる。

新型コロナウイルスの感染拡大の影響で一時的とはいえ、２０２０年3月末の運用資産の評価損益は1年前より３・５兆円も悪化した。金融市場の復調でその後は安定を取り戻したが、同行の業績が市場の変動で崩れるリスクの大きさを見せつけた。

変化の激しい金融市場の荒波を、ゆうちょ銀行が乗りこなせるのか。経営陣の危機管理能力の低さを見ていると、不安は尽きない。

３・４　事なかれ主義

預金者を顧客と認識できない

話を預金の不正引き出しに戻す。

ゆうちょ銀行は２０２１年１月８日、ドコモ口座などの決済サービスとの連携は安全強化策を講じたうえで順次再開し、安全性が不十分なミヂカは、翌年春に新ブランドのデビットカードに移行すると発表した。[*24] 社長を含む役員５人は報酬を一部返納し、担当執行役員９人は厳重注意処分とした。「経営責任を明らかにするため」と説明はしたが、どんな責任を認めたのかはわかりづらい。

社長の池田憲人はその日、オンライン記者会見を開いた。新型コロナウイルスによる２度目の緊急事態宣言が出たためで、記者の質問はチャット画面に入力させる。[*25]

ネット上で記者会見する池田憲人・ゆうちょ銀行社長。2021年1月8日

私は「池田社長はいつから被害を把握していたか」と書き込んだ。ところが、池田は「原因の認識を伝えてくれという質問と理解した」と内容をすり替え、質問に答えない。しばらくして再び「先ほどの質問に答えていない。被害を把握したのはいつか」とぶつけても、池田は答えない。私はそこで諦めかけたが、他社の記者が「池田社長がいつ被害を把握したかはまだ回答していない」とたたみかけ、池田がようやく答えた。

「個別のことはお話を聞いているが、網羅的全体像は把握できていなかった」

社長の池田も結局、最初に被害が出た２０１７年の夏には報告を受けていたのだ。それにもかかわらず、適切に対応がなぜできなかったかを明らかにすることが、今後の教訓につながるはずだった。

ゆうちょ銀行が８日に示した「執行部の認識」は、被害が新たな事象だったために補償対象外だったことや、担当部署が顧客の苦情や相談を「網羅的・一元的」に管理せず全体像を把握できなかったことを、主な原因に挙げている。

だが、新たな事象だろうが、コトは顧客から預かったお金が理不尽に奪われるという深刻な事態だ。一つや二つの事例でも、顧客の被害やサービスの安全性に関心を持ち、適切な指示を出すべきだった。補償ルールが未整備なら、整備するよう指示するのが経営幹部の役割である。

そもそも企業の不祥事に発展するような新たな事象が、前もって「全体像」を「網羅的」に把握できるはずなどない。多くは「端緒」を嗅ぎつけて掘り下げることで問題の早期発見に至るか、端緒を見過ごして問題の拡大を許すことになる。

日本郵政グループの外部有識者委員会による検証報告書では、副社長が２０１７年10月に損害補償の検討を指示し、翌年３月には補償方針について経営会議に付議するよう求めたが、コンプライアンス統括部が放置していたことが判明している。一部の不正被害は、〝問い合わせ〟に分類されて事故報告すらされなかった。２０１８年４月～２０１９年12月には被害が拡大していたのに、コンプライアンス統括部が経営陣への被害・補償の状況を報告さえしていなかったという。[*26]

検証報告書には、こんな言葉も記されていた。

〈ゆうちょ銀行本社の役員及び社員のなかには、預金者が顧客であるという意識が希薄で、保有する預金が不正に出金された預金者の心情等への想像力を欠いたものが含まれていた（略）本社は顧客の保護を図るという意識が乏しい〉

身も蓋もないが、まったくの同感だ。

「うまく切り抜ける」が第一

不正引き出しや投信販売での問題に対応する幹部たちの言動から浮かび上がるのは、今さえよければいいという強力な「事なかれ主義」だ。

眼前に何か問題が浮上しても、まずは小さなことのように取り扱って鎮火する。問題がないかのように隠蔽も図る。あとで批判されることがないように、形ばかりの「発言」や「対応」は残しておく。過去の判断や発言を否定することは避け、矛盾がないように理屈をこねくり回して取り繕うことにも余念がない。

担当外で問題が起きていても、なるべく首は突っ込まない。おかしなことが目についても、声を上げる者がいない。あるいは経営幹部の間でも、異論を許さない「同調圧力」があるのかもしれない。

成果を上げることよりも、問題を起こさず叱られないことのほうが重視される。とくに中核である旧キャリア官僚たちは、問題なく平穏に過ごせば、出世や昇格の道が待っている。そこに「今さえしのげればいい」との誘惑が働く。

要するに、問題が生じても、それを「うまく切り抜けること」が最も大事な目的と化している。顧客の立場はもちろん、ビジネスとしての観点も関係ない。組織がただ漫然と問題を先送り、今をやり過ごすために息をしているような雰囲気が漂っている。

＊１　池田憲人ら２０２０年９月11日記者会見
＊２　20代高校教諭への２０２０年９月14日筆者取材
＊３　高市早苗２０２０年９月15日記者会見
＊４　ゆうちょ銀行常務田中隆幸２０２０年９月15日記者会見
＊５　ゆうちょ銀行副社長田中進２０２０年９月16日記者会見
＊６　ゆうちょ銀行２０２０年９月16日付「即時振替サービスにおける被害状況について」

＊7 朝日新聞２０２０年9月17日付朝刊
＊8 57歳男性への２０２０年9月17日筆者取材、朝日新聞同月25日朝刊
＊9 ゆうちょ銀行２０２０年9月23日「Visa デビット・プリペイドカード mijica 会員間の不正送金による被害について」
＊10 池田憲人ら２０２０年9月24日記者会見
＊11 増田寛也２０２０年9月30日記者会見
＊12 ゆうちょ銀行コンプライアンス統括部長石橋正彦ら２０２０年10月5日記者会見
＊13 ゆうちょ銀行２０１９年9月13日「投資信託の不適切な取扱いに関する社内調査結果および今後の対応について」
＊14 朝日新聞２０１９年9月18日付朝刊
＊15 ゆうちょ銀行投資信託事業部長吉田浩一郎ら２０１９年9月13日記者会見
＊16 藤田知也「郵政グループ腐った『だんご3兄弟』」文藝春秋２０２０年12月号
＊17 郵政民営化委員会２０１９年10月24日議事録
＊18 朝日新聞２０１９年9月18日付朝刊
＊19 増田寛也２０２０年2月10日報道各社合同インタビュー、吉田浩一郎ら２０２０年3月16日記者会見、池田憲人ら２０２０年9月24日記者会見
＊20 ゆうちょ銀行常務新村真への２０２０年10月23日筆者取材
＊21 ゆうちょ銀行広報部２０２０年9月30日取材回答
＊22 有田哲文・畑中徹『ゆうちょ銀行』60、61ページ
＊23 朝日新聞２００７年9月29日付朝刊
＊24 ゆうちょ銀行２０２０年11月9日「キャッシュレス決済サービスに関するセキュリティ総点検の結果について」など

＊25　池田憲人２０２１年１月８日記者会見
＊26　ＪＰ改革実行委員会２０２１年１月29日「株式会社ゆうちょ銀行のガバナンス等に係る検証報告書」

第4章

激突——NHK vs. 日本郵政

かんぽ生命の不正問題を最初に報じたＮＨＫ番組に対し、日本郵政グループは3社長が連名で抗議文を送りつけ、攻撃の火ぶたを切った。放送法にも詳しい旧郵政キャリア官僚たちの知見をいかし、現場担当者の「失言」をつかまえては「ガバナンスに問題がある」と追及。ＮＨＫトップや最高意思決定機関である経営委員会の回答や対応まで要求する執拗さだった。

不正被害を訴える顧客の声を集めていた番組の制作現場は、準備した放送内容を2度見送り、長く続報を封じられた。局内では不満が募り、「納得がいかない」との声が上がっていた。だが、現場も知らないところで、ＮＨＫ経営委員会が郵政側の意をくみ、ささいなミスを口実にＮＨＫ会長を処分した。ＮＨＫ会長は抵抗しつつも、経営委に屈服させられて郵政側との「手打ち」に動く。番組が沈黙を続ける間も、かんぽ被害は拡大を続けた。

「報道弾圧」としか言いようのない抗議活動は、どのような経緯をたどったのか。郵政グループは抗議によって何を得て、何を失ったのか。

４・１　ＮＨＫ「クローズアップ現代＋」をめぐる攻防

幻の座談会

２０１８年７月14日の土曜日、東京・日本橋の貸会議室。ここでＮＨＫ「クローズアップ現代＋」の座談会が半日がかりで収録されていた。[*1]

コの字形に並ぶテーブルの中央に女性アナウンサーとかんぽ生命の元社員がいた。２人を囲むように座った男女４人は、親が買わされたかんぽ商品や投資信託の勧誘に問題があると訴えていた。かんぽの元社員は、不正な営業が郵便局で横行しているおそれがあると打ち明けた。金融に詳しい弁護士も加わり、過剰な営業目標やノルマについても議論された。

だが、この座談会がＮＨＫの視聴者に届けられることはなかった。ＮＨＫ内の判断で、放送が２度にわたり見送られたためだ――。

クローズアップ現代＋は２０１８年４月24日の放送で、郵便局員によるかんぽの不正営業をいち早く報じた。

タイトルは「郵便局が保険を〝押し売り〟⁉　郵便局員たちの告白」。第1章で紹介した坂部親子が被害を訴え、複数の郵便局員たちが「ノルマに追い詰められ、詐欺まがいで契約させることがある」などと証言した。日本郵便とかんぽの役員が取材に応じ、不正防止に取り組んでいる姿勢を強調した。

番組への反響は大きく、郵便局員や顧客家族からの情報提供が相次ぎ、続編に向けた取材が動き出した。7月14日の座談会収録も、その一環だった。

続編の放送予定は8月10日。番組ではその1カ月前、7月7日と10日の2度にわたり、情報提供を募る動画を公式ツイッターに投稿した。[*2]

1本目の動画「続報　止まらない⁉　保険の〝押し売り〟」では、5月に家族が不必要な保険を買わされたと訴える男性を紹介。男性が「詐欺まがいの契約、すごく恐ろしい」と語り、「保険業法違反の可能性」があるとした。

2本目の動画「続報2　郵便局員たちの告白　〝変わらない実態〟」では、4月の放送で会社側が「営業目標を抑える」「お客さま本位の営業を浸透させる」と説明したのに対し、現役社員が「実質なにも変わっていない」「不正はなくならない」と訴えた。

2本の動画は〈あなたは大丈夫？　情報をお寄せください〉と結ばれている。

こうした動画のネット投稿は、番組が掲げる「オープン・ジャーナリズム」に沿ったものだ。取材や制作の過程をネット上で公開して情報を募り、取材をさらに深めようという試み。4月の放送も同様の流れで、放送前から多くの情報が集まった経緯もあった。

8月の放送に向けて3本目、4本目の動画も用意されていた。冒頭の座談会も公開予定だったが、投稿する前に予期せぬトラブルが起きた。

動画の削除要求

2本目の動画が投稿された翌日、日本郵政グループは動き出した。

7月11日、日本郵政とかんぽ生命、日本郵便の3社長連名の文書が、NHK会長の上田良一《りょういち》あてに送られた。動画で使われた「詐欺まがい」「かんぽ詐欺」「押し売り」といった言葉が同グループの名誉を毀損しているとし、動画を即刻削除するよう求める内容だ。[*3]

郵政側は文書で「全ての郵便局員が不適正募集を行っているような誤った印象を視聴者に与え、お客様に過度な不安を抱かせる内容で、当グループの経営にも甚大な支障をきたすおそれがある」と主張。動画を流す前に、確認取材がなかったことも指摘していた。

2日後の7月13日、NHKは動画内のテロップ表現を修正した。[*4]「押し売り」は削ったり別の言葉に置き換えたりした。「保険の契約をさせられた」は「保険の契約を結んだ」に直し、「あなたは大丈夫?」も消された。

修正の理由について、のちにNHKは「情報提供を呼びかける動画か、事実を伝える動画か判別しづらい内容だった」ため、動画の本来の目的である「情報提供の呼びかけ」であることを「明確にした」と説明。「訂正すべき事実の誤りはなかった」とも強調している。[*5]

ただ、事実の誤りはないとしても、「行きすぎた表現があった」と判断して修正を施したのではないのか。動画の目的が何であろうと、独自に取材した内容を広く知らしめる点では通常の報道と変わりはない。目的の違いが事実確認や表現の甘さを許す免罪符とはならないのではないか。

郵政キャリアが目をつけた攻撃材料

NHK側は動画の修正とともに、日本郵政側への回答書と、続編放送に向けた取材の申し入れ書を用意した。回答書は番組責任者である統括チーフ・プロデューサー名で、動画の削除には応じられないとする内容だ。

だが、郵政側は回答書を受け取ろうとしなかった。自分たちが抗議文を送った相手であるNHK会長からの回答ではない、という理由だ。

郵政側の対応は、典型的な「役所文化」だ。役所同士の折衝なら、事務次官の文書には、同じ事務次官の文書で応じる。局長級なら局長級、課長級なら課長級といった具合に。郵政3社長名の文書に統括チーフ・プロデューサーごときの名前で返すのは失礼極まりない。それが郵政グループにとっての〝常識〟であり、民間から招かれた3社長がただの「お飾り」でしかないことも象徴している。

報道機関であるNHKとすれば、取材対象者からの苦情や抗議は珍しくない。相手の立場や抗議のあて先を理由に、いちいち会長を引っ張り出せるはずがない。

回答書をめぐる交渉が続くなか、統括チーフ・プロデューサーが7月23日、日本郵政本社での交渉の場で「番組制作と経営は分離しているため、NHK会長は番組制作に関与しない」という趣旨の発言をした。会長名では回答できないことを受け入れさせるための口実だったとみられるが、相手が悪すぎた。NHKの仕組みを熟知する旧郵政キャリア官僚には、新たな「攻撃材料」にしか映らなかった。

郵政側は回答書だけでなく、取材申し入れ書も受け取ろうとしなかった。その際、郵政側の広報担当者はこんなことも言っていた。[*6]

「こちらが先に動画の削除と会長名の文書を求めているのに、それが終わらないうちに、取材を申し入れてくるのは筋がおかしい」

「動画の削除と会長名の回答なしに、取材交渉のスタートラインには立てない」

番組側は「取材の申し入れ書を見るだけ見てほしい」と打診していたが、日本郵便広報部長が「ここまで来ると、プライドの問題だ」とまで言い出し、動画の削除と会長名の回答にこだわり続けた。

放送予定日まで2週間を切った7月30日。郵政側はようやく取材申し入れ書だけはメールで受け取った。その際、現場の番組ディレクターが「取材を受けてくれれば、動画は削除する」と日本郵便広報部長に電話で伝える一幕があった。放送ができるかどうかの局面で切ったぎりぎりのカードだったが、新たな攻撃材料を手にしていた郵政側にとって、譲歩する理由はなかった。

放送の見送り、動画の削除

日本郵政とかんぽ生命、日本郵便の３社長は連名で２０１８年８月２日、ＮＨＫ会長に２度目の抗議文を送りつけた。やり玉に挙げたのは、統括チーフ・プロデューサーの「会長は番組制作に関与しない」という一言だ。[*7]

２度目の文書で、郵政側は「ＮＨＫの番組制作・編集の最終責任者は会長であることは放送法上明らか」と指摘。統括チーフ・プロデューサーの発言は「ＮＨＫのガバナンスが全く利いていないことの証左」だと唱え、従来からの動画の削除要求に上乗せして、ガバナンスについての説明や改善措置を要求し始めた。

番組の現場には、抗議文が届く前日の８月１日には「放送見送り」の決定が伝えられた。抗議文が届くことは、事前に郵政側から伝えられていた。[*8]

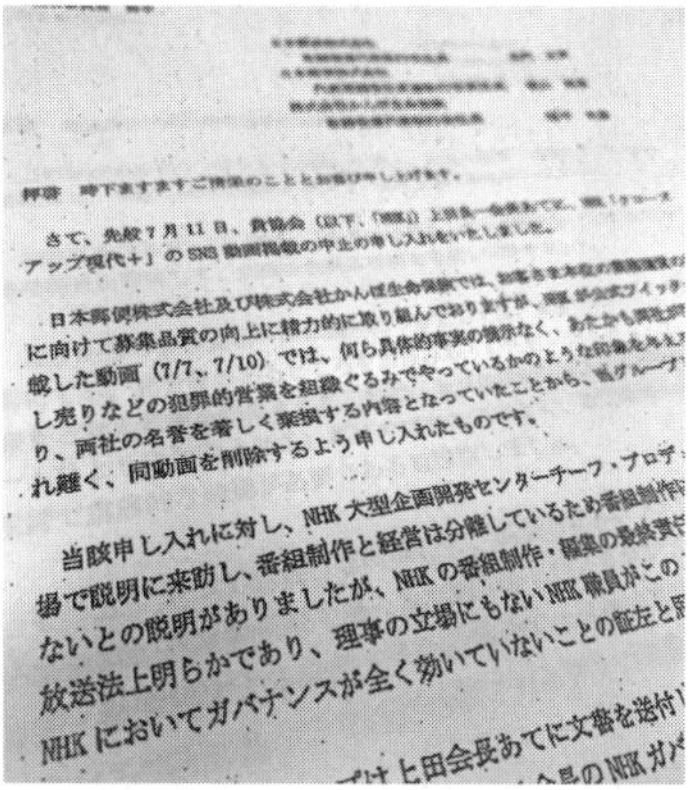
日本郵便株式会社及び株式会社かんぽ生命保険では、
に向けて募集品質の向上に精力的に取り組んでおりますが、
載した動画（7/7、7/10）では、何ら具体的事実の摘示なく、あたかも
し売りなどの犯罪的営業を組織ぐるみでやっているかのような印象を
り、両社の名誉を著しく棄損する内容となっていたことから、
れ難く、同動画を削除するよう申し入れたものです。
当該申し入れに対し、NHK 大型企画開発センターチーフ・プロデ
場で説明に来訪し、番組制作と経営は分離しているため番組制作
ないとの説明がありましたが、NHK の番組制作・編集の最終責
放送法上明らかであり、理事の立場にもないNHK職員がこの
NHK においてガバナンスが全く効いていないことの証左と
上田会長あてに文書を送付

郵政３社長がNHKに送った抗議文書

放送を見送る理由は、①前回放送から深化した

取材になっていない、②郵政グループのインタビューが撮れていないためフェアネスを担保できない、③ショート動画を先方に事前通告しなかった落ち度がＮＨＫにある、などと整理された。現場に不満はなくはなかったが、「放送中止ではなく延期」とされたことでやむなしと受け入れられた。

抗議文が届いた翌日の８月３日。ＮＨＫは２本の動画を郵政側の要求どおりに削除した。理由は「『広く意見を募る』という役割を終えたという判断」と整理された。

放送の見送りと動画の削除は、番組を所管する大型企画開発センター長の梅岡宏が、日本郵政広報部長に電話で伝えた。梅岡は統括チーフ・プロデューサーの発言について「舌足らずの部分があったかもしれない。ご理解いただきたい」と釈明。放送法上は番組制作・編集の最終責任者が会長であり、実際の業務運営は放送総局長に分掌されていることを確認したとしている。[*9]

ＮＨＫ側は、この電話で郵政側の理解を得たとみていた。だが、問題はそこで終わらなかった。２カ月ほどして郵政側の攻撃が再び火を噴くことになる。

４・２　第２ラウンド

仕切り直し

続編放送の見送りが決まったあとも、クローズアップ現代＋の制作現場にめげる様子はなかった。

ＮＨＫ労働組合の下部組織である分会が２０１８年秋に現場側にヒアリングし、経緯を記録した資料をもとに振り返る。[*10]

動画を削除した４日後の８月７日には、統括チーフ・プロデューサーと現場のプロデューサー、ディレクターらの打ち合わせがあった。そこで、「①打ち切りではなく取材は継続すること（前回放送から半年後の10月を目指す）、②放送のハードルが今後変わることがないようゴール設定すること」が今後の取材方針として確認された。

８月９日には、現場の取材班が日本郵便の広報担当者と面会した。日本郵便側からは「動画削除・放送延期によってＮＨＫとの関係はゼロベースに戻った」「再び番組として動き始

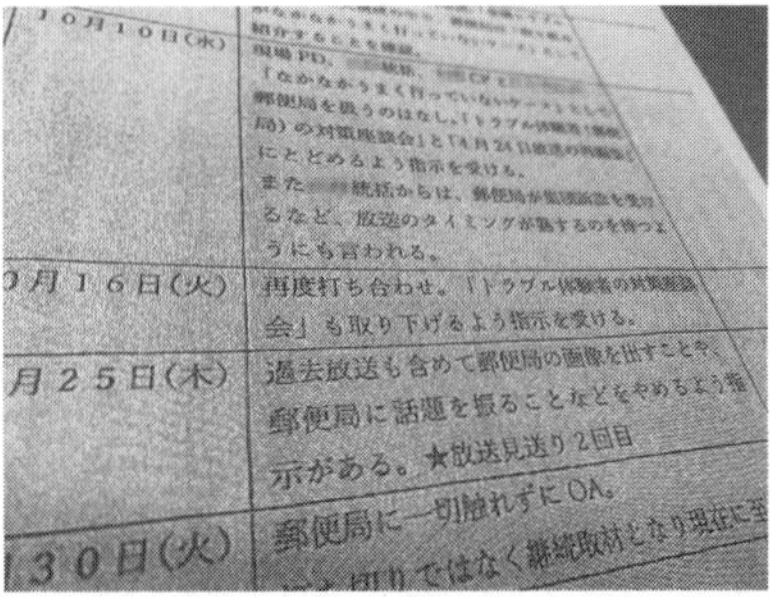

NHK 労働組合の下部組織である分会が作成した内部資料

めるならば再度抗議文を送る等同様の対応を行う」と伝えられたという。

統括チーフ・プロデューサーは8月21日の打ち合わせで、郵政側への取材が難しいことも踏まえ、「郵便局をメインに取り上げることと、編集済みの動画の投稿も厳しい」と語っていた。そのうえで、「番組を『郵便局単独』ではなく、『金融機関全般の問題』に広げ、郵便局を一要素として扱うこと、『金融トラブル解決編』というテーマにすることで、郵便局の組織的不正の問題を扱う方針に転換すること」を確認した。放送予定は「10月30日を目指して仕切り直し」とされた。

9月3日の打ち合わせでは、番組構成は「『金融トラブル解決編』の大構成の中で、郵便局は『取り組みがなかなかうまくいっていないケース』として紹介すること」が確認されていた。

このあと番組は約170の金融機関を対象に、金融商品をめぐるトラブルに関するアンケートを実施する。アンケートの送付先には、かんぽ生命も加えていた。あえて外す理由もなかった。

かんぽ側に送られたアンケートは、9月18日付だった。[11]

攻撃の再開、問題のすり替え

アンケートの発送から1週間後の9月25日。阪神高速道路東京事務所に、ある〝来客〟があった。

阪神高速道路会長でＮＨＫ経営委員長代行も務める森下俊三《しゅんぞう》を、日本郵政上級副社長で元総務事務次官の鈴木康雄《やすお》が訪ねた。2カ月近く鳴りを潜めた郵政側が、再び動き出した瞬間だ。

森下の説明では、鈴木側が森下の秘書あてにアポを入れた。ＮＴＴ西日本社長などを歴任した森下は、通信業界の監督官庁である総務省の事務方トップだった鈴木とは20年以上に及ぶ旧知の仲。森下は用件も聞かず、鈴木の来訪を受け入れた。[12]

鈴木は森下に、一連の経緯を伝え、ＮＨＫへの不満をぶちまけた。郵政側がＮＨＫ会長に

「ガバナンスについての改善措置」を要求したのに、回答がないことも言い出した。森下は「私に言うのではなく、経営委に正式に申し入れてほしい」と話したとしている。

そもそも郵政3社長による抗議活動は、鈴木が主導したものだと郵政幹部は口をそろえる。郵政3社長の一人も、「7月の動画を見て『けしからん』と思ったのは事実だが、抗議するのは次元の違う話。我々は名前を貸しただけ」と認めた。[*13]

10月5日。3度目となる郵政3社長連名の文書が発出された。[*14] 今度の送り先は、ＮＨＫ経営委員会。会長の任免や経営事項の議決権限も持つ、ＮＨＫの最高意思決定機関である。

文書では、統括チーフ・プロデューサーの発言を根拠とする「ガバナンス問題」に加え、ＮＨＫ会長が自ら回答しないことも問題視し、経営委に「ガバナンス体制を改めて検証し、必要な措置を講じてほしい」と要請した。

郵政側の攻撃対象は、当初の「かんぽ不正問題」から「ＮＨＫのガバナンス不全」へと見事にすり替えられている。

「郵便局を扱うのはなし」

かんぽ問題を追っていたクローズアップ現代＋の現場は、10月に入って雲行きが変わっていく。[*15]

労働組合分会の作成資料によれば、10月10日の統括チーフ・プロデューサーとの打ち合わせで、現場側には「『なかなかうまくいっていないケース』として郵便局を扱うのはなし」との指示が出た。番組の内容は「トラブル体験者（郵便局）の対策座談会」と「4月24日放送の再編集」にとどめるように、との指示もあった。このとき、統括チーフ・プロデューサーは「郵便局が集団訴訟を受けるなど、放送のタイミングが熟するのを待つように」とも言ったという。

さらに10月16日の打ち合わせで、「対策座談会」も取り下げるよう指示があった。「座談会」とは、7月に収録した冒頭の内容を指す。この時点で、かんぽ問題をめぐる新たな素材は出さず、4月の放送内容を軽く振り返ることにとどめる方向となった。

郵政側は10月中旬、番組側から「10月末の放送で4月に取材した内容を取り上げる可能性がある」との連絡を受けたと明かしている。[*16]

番組の現場には、郵政側から経営委員会に文書が届いたことは知らされなかった。ただ、指示を出す統括チーフ・プロデューサーは攻撃材料を与えてしまった張本人。彼が何をどこまで把握していたかはわからない。

メンツにこだわる大物財界人

２０１８年10月23日。ＮＨＫ経営委員会が暴挙に打って出る。

その日の委員会は委員12人全員が参加し、ＮＨＫ会長の上田良一も呼びつけた。10月５日付の郵政３社長の文書をもとに、上田の業務執行に問題がなかったかを問うためだ。[*17]

監査委員を務める常勤の経営委員、高橋正美《まさみ》（元損害保険ジャパン日本興亜副社長）が報告した。

「本件の情報が（会長を含む担当幹部に）いち早く報告され、組織対応がされていることから、協会の対応はガバナンス上の瑕疵があったとは認められない」

出席した委員からは当初、「郵政がＮＨＫのガバナンスうんぬんを言う前に、自分の会社のガバナンスはどうかと思った」という意見も出ていた。

経営委員長代行の森下俊三が、NHK番組への批判の口火を切った。

「今回の番組の取材は極めて稚拙。取材はほとんどしていない」

「インターネットで出てきたものを、自分たちでストーリーをつくり、郵政の幹部をインタビューしている。インタビューを一部だけとらえ、自分たちのストーリーでやっている。それで郵政の連中が怒っちゃったわけです」

「番組としてはしょうがないが、その後またインターネットでやった。反省をしないで、同じことを繰り返した。現場を取材していない。オープン・ジャーナリズムと言っているが、インターネットを使う情報は極めて偏っている。本当なら現場へ行って、現場でどうなっているかを見ないといけない。それをやらないから、今度は郵政側が、もう取材を受けないと言ったわけです」

「結局、番組の取材も含めて、作り方に問題がある。うのみにしてインターネットの上で作っていることが問題だ」

森下がそうなじり倒した番組や動画を見れば、顧客や現役社員を直接に取材したものだと一目でわかる。公表されない議論だと高をくくっていたとしても、関西経済同友会代表幹事なども歴任した大物財界人である森下が、根拠のない番組批判をどんな意図で展開したのかは気になるところだ。

委員長の石原進《すすむ》（ＪＲ九州相談役）も追い打ちをかけた。

「４月の番組で郵政も協力したが、これは詐欺だとか押し売りだと出てくる。郵政が抗議した。抗議しますよ。抗議はしても、一理もあるからただしますと。ただすことをやっている最中に、ツイッターの番組を作ったと怒っている。ただす余裕もなく、すぐそういうことをやるかというのが一番の郵政の抗議の原因だ」

個別番組への批判や介入をたしなめる意見も出たが、委員長と委員長代行の２人が急先鋒となり、委員会の大勢は番組やＳＮＳ動画に否定的な流れに傾いた。

経営委は上田をいったん退席させ、厳重注意処分を決定。上田を呼び戻すと、統括チーフ・プロデューサーの失言と郵政３社長に会長が自ら回答しなかったことの「二つの問題」を理由に厳重注意とし、さらに「必要な措置」を講じることも要求した。

監査委員が問題ないと判断した事態に、どんな「措置」が必要なのかと戸惑う上田に、石原は「相手が納得していない。会長がきちっと対応していれば変わったんじゃないか。３社長名で出している文章なら、会長名で返すのが正しい対応だろう」と注文をつけた。「ＮＨＫのルールじゃなく、世の中の常識がある」とも投げかけた。

ある委員が「これからも何かあったら、会長が対応しなきゃいけないきっかけになってしまう」と懸念を示しても、森下らは「きっかけになってもいいんじゃないの」と意に介さなかった。

上田が踏み込んで「番組の制作過程は、基本的な説明は現場からやっている。いちいち会長がやっていたら、とてもじゃないがカバーしきれない」と抵抗すると、森下が開き直った。

「こんな話になったのは、本当は彼ら（郵政）が納得していないのは取材内容。経営委は番組のことは扱わないのでこう言ってきた。本質的にはそこで、彼らが不満を持っている。担当者はたぶん、たまたま失言しちゃったということだと思うけど」

上田が意を決し、「これは私の問題というよりNHK全体、経営委も含めて大きな問題になる」「これが表に出たときに、世の中が『その通りですね』という話になるかどうか」「NHKは存亡の危機に立たされかねない」とも訴えた。

だが、委員が耳を貸すことはなく、最後はのちに経営委員長代行となる村田晃嗣《こうじ》（同志社大教授）が森下らの声を代弁するように、こう締めくくった。

「彼ら（郵政3社長）の本来の不満は内容にあって、内容では話がつかないから、手続き論の小さな瑕疵のことで言っている。経営委のメンツとしても手紙が来た以上、返事しないわけにはいかない。内部的にはガバナンスがきいているという返事にするだけでは、たぶん火に油を注ぐ」

郵政が本当は番組内容に文句があるのに、報道弾圧と受け取られるのを避けて「小さな瑕疵」を突いてきたと知りながら、処分する必要もないささいな問題について、何か形を示さないと経営委のメンツが立たない——と打ち明けたも同然のセリフである。受信料を払う視聴者にとってはどうでもいい彼らの「メンツ」のために、郵政グループによる「弾圧」に手を貸すことへの躊躇はなかったのか。

ＮＨＫ経営委員会はその日のうちに、郵政3社長あてに文書を発出した。[*18]

「未だご理解のいただける対応ができていないことは経営委員会として誠に遺憾に思っている。経営委員会は本日、会長に対し、ガバナンス体制をさらに強化するとともに、視聴者目線に立った適切な対応が行われるよう必要な措置を講ずることを厳しく伝え、注意した」

消された放送

クローズアップ現代＋の現場は、金融商品のトラブルを特集する10月30日の放送に向けた編集作業が佳境を迎えていた。会長に厳重注意処分が下された時点では、かんぽ問題は４月の放送内容を再編集する形で軽く触れる予定になっていた。

労働組合分会の記録によれば、ＮＨＫ会長が厳重注意処分を受けた２日後の２０１８年10月25日には、こんな出来事があった。

〈過去放送も含めて郵便局の画像を出すことや、郵便局に話題を振ることなどをやめるよう指示がある〉

指示は統括チーフ・プロデューサーから数人の担当プロデューサー、ディレクターに出されたものとみられる。[*19] ４月24日の放送内容を再編集して番組内で簡単に触れる予定も、この時点で完全に「消された」ことになる。

実際、10月30日に放送されたクローズアップ現代＋は「あなたの資産をどう守る？　超低金利時代の処方箋」と題し、金融商品をめぐるトラブルや対策を特集した。新たに取材したＪＡ共済の不適切事例を報じ、過去に保険や投信の販売トラブルを番組で扱ったことには触れたが、かんぽや郵便局の問題には何も触れなかった。

ＮＨＫ広報局は２０２０年４月の朝日新聞の取材に対し、「（２０１８年）10月25日に統括チーフ・プロデューサーがかんぽ問題を取り上げないよう指示した事実はない」と回答した。[*20]ＮＨＫ編成局計画管理部は、２０１８年10月30日の放送でかんぽ問題に触れなかったのは、番組が実施したアンケートへの協力を同年10月上旬にかんぽ側が断ったからだ、という趣旨の説明もした。[*21]

ＮＨＫ広報局や編成局の説明が正しいのか。それとも労組分会の資料や現場スタッフの説明が正しいのかは、後述の経緯からもはっきりするのではないか。

放送法は「番組編集は何人からも干渉されない」と定め、規定順守を経営委員にも課している。一部の専門家からは、経営委員が番組を批判すること自体が編集に影響を与えかねず、放送法に抵触するおそれがある、との指摘がある。ただ、経営委員会で番組への意見を述べ合うのが適切な局面があることもまた想像はつく。

ある総務省幹部の解説はこうだ。[*22]

「今回の問題で経営委員の『資質』は問われるかもしれない。でも、一番の問題は、経営委員による番組批判が放送に影響をしたのかどうか。経営委員に何を言われようとも、批判に臆せず必要なことは毅然と報道する姿勢が、ＮＨＫ執行部のほうに求められるはずなんですけどね」

ＮＨＫ執行部とＮＨＫ経営委員会は、会長への厳重注意処分は「番組制作に影響していない」と国会などで主張してきたが、会長への処分が10月の放送に影響していないかどうかはなお釈然としない。

4・3　波紋

「バカじゃねぇのって言えばよかった」

２０１８年10月30日放送の番組でかんぽ問題に触れなかったことは、ＮＨＫ内の制作現場に波紋を呼んだ。

いまは週3日のクローズアップ現代＋は大型企画開発センターの所管だが、実際の制作はおよそ3分の2が報道局、3分の1は制作局が受け持っている。報道局が最新のニュースを軸に「直球」で番組をつくるのに対し、自由な風土が残る制作局はひねりをきかせた「変化球」でニュースの本質に迫る、と言われる。

かんぽ報道は、制作局のプロデューサーとディレクター数人の現場スタッフが中核を担った。大型企画開発センターに所属する担当の統括チーフ・プロデューサーも、制作局の出身だった。

10月の放送後、制作局の一部で構成する労働組合の分会のもとに、番組の現場から不満の声が届いた。分会が現場側から一連の経緯を聴取し、その記録をもとに作成したのが『郵便局　不適正営業問題』放送延期の経緯」と題したＡ４判３枚の資料だ。会長への厳重注意処分がまだ知られていなかったため、現場スタッフの口もそれほど重くはなかったようだ。

資料の作成日は２０１８年11月29日。その日、東京・渋谷のＮＨＫ放送センター５階の会議室であった「対話集会」で配られた。資料は回収されたが、参加者のひとりがこっそりと残していてくれた。

対話集会は、労組分会の提案により、不満が募る現場と番組幹部とで意見を交わすために開かれた。集会には制作局の部長やデスク、大型企画開発センター所属の統括チーフ・プロデューサー、報道・制作両局の労働組合員らが出席したとされる。

統括チーフ・プロデューサーはこの場で、番組でかんぽ問題に触れなかった理由について、こう説明した。[*23]

「最終的に郵便局メインの番組を諦めるときは、僕は臥薪嘗胆《がしんしょうたん》で待つしかないと。行政処分を受けるような事態とか、高齢者や家族が訴訟を起こすとか、そうしたことに備えていったん待とうと、10月30日の番組は郵便局に触れないでやることを僕が決めた」

「僕の判断としては、本当に理不尽な相手なので、詐欺まがいのケースの質問でも支離滅裂なまま返ってくる相手ゆえに、ここで中途半端に出すよりは、次のときに一気に出したほうがいいと判断して、10月の回は郵便局には全然触れなくなったということ」

参加者からは、不満が相次いだ。

「番組の方向性が変わったのに、それでも郵便局が落ちるのは、現場としては納得がいかないというのが普通の心情だ。不自然だし、この不自然なことが今後も起きるのではないかというのが一番の問題。それは今も解決していないし、もやもやが残ったままで、煙に巻かれた印象だ」

「現場としては、なにかしら郵便局に触っちゃいけないのかという空気を疑わざるを得ない。そこはミスという言葉で終わらせられると、信用できない」

現場の担当プロデューサーとみられる男性は、こうも語った。

「正直、郵便局の『ゆ』の字も出ないとなったとき、バカじゃねぇのって言えばよかったのに、できなかったんだよね。一生懸命やってきて、そうなったときに、バカじゃんと言える空気にならないっていうか」

「誰かに向かって、どうしてこういう判断なんだっけと聞けばいいだけだけど、それを俺がしなかった。この空気にどうやってあらがえばいいのかが、自分にもまだ答えがない」

この時点で参加者の多くは、会長への厳重注意処分を知らなかった。制作局幹部らしき男性が「郵便局の向こうにある総務省のことを忖度している人がいるんじゃないかという声は聞く。ごちゃごちゃ言われたことはあるが、もっと大きな上の話だと思う」と言い、統括チーフ・プロデューサーが「いつものナニナニ局長とか、そういうのは本当にない。心配はもっともだけど」と釈明する一幕もあった。集会は2時間を超え、明確な答えに行き当たらないまま時間切れとなった。

番組が再びかんぽ問題を取り上げるのは、初回の放送から1年3カ月後の2019年7月31日。同年6月下旬の新聞報道で不正問題が脚光を浴び、郵政経営陣が謝罪をしたあとだ。その間にも郵便局員による不正販売は漫然と続き、顧客の被害も拡大した。

現場に知らせず「手打ち」

クローズアップ現代＋の現場も知らないところで、NHK執行部はNHK経営委員会の弾圧に屈し、日本郵政グループと「手打ち」を済ませていた。

経営委員会から「必要な措置」を要求されたNHK執行部は、会長の上田良一を差出人とする回答文書をつくり、11月6日に郵政側に届けた。専務理事・放送総局長の木田幸紀《ゆきのり》が日本郵政本社に足を運び、日本郵政上級副社長の鈴木康雄に文書を手渡した。

上田の回答文書では、統括チーフ・プロデューサーの発言は「明らかに説明が不十分だったと考えており、誠に遺憾です」とし、その後の自身の対応は「十分なご理解を得るまでに至らなかったことは本意でなく甚だ残念です」と伝える内容だった。[*24]

これを受けて郵政側は翌11月7日、まずは鈴木康雄がNHK経営委あてに文書を送った。[*25]

「当グループからのお願いに際し、慎重な調査・審議の後に、執行部に対し、早速に果断な措置を執っていただき篤く御礼申し上げます」

「おかげを持ちまして、昨日、『会長の名代として』専務理事・放送総局長が編成局部長を帯同して、別添の会長名書簡を手交しに参りました」

「貴委員会にても、また執行部にても、十分意のあるところをお汲み取りいただいたものとして、一応の区切りと考える旨を伝えました」

「ただ、会長名書簡だけでは十分ではなく、放送番組の企画・編集の各段階で重層的な確認が必要である旨指摘しました」

文書では、鈴木が総務省で「かつて放送行政に携わり、協会（ＮＨＫ）のガバナンス強化を目的とする放送法改正案の作成責任者であった立場」だったと披瀝。「幹部・経営陣による番組の最終確認など、幅広いガバナンス体制の確立と強化が必要である旨も付言致した」とし、「貴委員会も引き続き、強力なご指導・ご監督を賜りますようお願い申し上げます」と結ばれた。

続く11月13日には、郵政３社長名の文書がＮＨＫ会長の上田に送られた。[*26]

文書は「今般いただいた文書をもって一区切りとさせていただく」としながらも、「幅広いガバナンス体制の一層の確立と強化が必要」と注文をつけ、「放送法の趣旨の職員への浸透及びガバナンス体制の確立・強化に関する改善措置の状況」の報告を要求していた。

ＮＨＫ執行部はこの要求も受け入れ、２０１９年２月に木田が再び鈴木のもとを訪れ、職員の研修状況などを説明したとしている。そうした対応もクローズアップ現代＋の現場には知らされていなかった。[*27]

「暴力団と一緒でしょ」

日本郵政グループによる執拗な抗議の一端は、２０１９年９月26日付の毎日新聞報道で明るみに出た。ただ、２０１８年10月の「２度目の先送り」や、経営委員長や委員長代行による番組批判が判明するのは２０２０年に入ってからだ。

日本郵政社長の長門正貢は２０１９年９月末の記者会見で、ＮＨＫ報道について殊勝な言葉を並べた。[*28]

「今となってはまったくその通り。番組で訴えたことを心にとめ、グループ全体できちんと対応していかなければいけないと痛切に感じた次第だ」

放送当時の状況について、長門は「郵政グループはブラック企業で悪の権化なんだと感じた。これはひどいんじゃないかとみんなで思ったのでクレームをしたのが事実」と振り返った。報道陣から「抗議するより不正の実態を調べるべきだったのでは？」と問われ、「深く反省する」ときっぱり答えた。翌朝の新聞各紙は、長門がＮＨＫへの抗議について「反省す

国会内で開かれた、野党合同ヒアリングで話をする鈴木康雄・日本郵政上級副社長（左から2人目）

る」と述べたと報じた。

ところが、社長の発言はわずか3日後、あっさりと打ち消された。

2019年10月3日。NHKへの対応に関する野党合同ヒアリングが国会内で開かれた。そこへ日本郵政を代表して登場したのが上級副社長の鈴木康雄だ。

最初に発言を求められた鈴木は、かんぽの不正営業について「申し訳ない」と謝罪の弁を口にした。だが、話題がNHKへの抗議に及ぶと言が厳しくなり、「（動画は）おかしいと今も思っている」「番組に対して言われっぱなしで構わないわけじゃない」との不満が口を突いて出た。[*29] 社長とは明らかに異なる感情がにじむ。

ヒアリング終了後、議員と名刺交換をしていた鈴木に私が近づき、名刺交換を求めると、鈴木はちらりと名刺を見て「おたくはいいや」と断ってきた。それならと、「オンレコでお願いします」とICレコーダーを鈴木の口元に差し出した。鈴木がゆっくりと人垣のなかを歩き、国会を出て車に乗り込むまでの「ぶら下がり取材」が始まった。

筆者「社長は『反省する』と言ったが、副社長は思うところがあるんですか」

鈴木「ありますよ」

筆者「NHK側は（動画について）不適切とは認めていません。鈴木さんは?」

鈴木「今日は言いませんでしたけど、取材を受けてくれれば動画を消すなんて、そんなこと言っているヤツの話が聞けるかっつうの。まるで暴力団と一緒でしょ、それじゃ。殴っといてね、おまえこれ以上殴ってほしくないんならやめたるわ、俺の言うことを聞けって、バカじゃねぇの」

鈴木康雄

筆者「動画が不適切だと今も感じているわけですね」

鈴木「事実はまったく書かれていませんからね」

筆者「（18年）4月の放送は、いま振り返ってどう感じていますか」

鈴木「私どもは4月からこうすると言っている内容を、自分たちが放送したから変えたと。とんでもないこと言っていますよね。ああいうウソを言っちゃいかん」

筆者「変えたというのは？」

鈴木「営業目標について。自分たちが取材したから変えたんだと。堂々と言い切ってますよね。我々は２月か３月か、もう準備している。今年の目標はこれだと言っているわけですから。まるで自分たちの手柄みたいなこと言っているやつはとんでもねぇなと」

かんぽ問題が表面化して以降、鈴木がメディアの質問に答えたのはこの一度きりだった。あとで２０１８年４月の番組を見直すと、「取材したから営業目標が変わった」という雰囲気を嗅ぎ取れなくもないが、堂々と言い切る発言や説明は確認できなかった。

暴力団発言を容認する上場企業

鈴木康雄の「ＮＨＫ攻撃」は、その後の国会でも続く。

鈴木はＮＨＫの動画について「事実の摘示もなく、まるで電車の中づり広告」「極めて刺激的な言葉だけを並べたようなツイッター」と表現した。「取材を受けたら動画を消す」と言われたのは「一方的な自分の意見を通すがために、自分の取材を受けてくれるんなら動画を外してもいいという言い方」だったとし、「誠に放送倫理に違反する。今でも同じように考えている」と主張。ＮＨＫを「暴力団」と呼んだのは「一方的に攻撃を加えて自分の勝手な意思を押し通そうとするというのが極めて悪質であり、今の反社会的勢力が行うことと同様ではないかという意味で申し上げた」とし、訂正はしない考えを示した。[*30]

鈴木が長門とは異なる趣旨の発言を展開する間、私が日本郵政広報部に何度か問題認識を尋ねても「コメントはない」と返ってきた。組織のトップであるはずの長門は、毎月恒例だった記者会見を拒むようになった。都合がいいときだけ会見を開き、都合が悪くなった途端に会見をやらないことへの釈明は「報告することがない」（日本郵政広報部）だった。

私には「暴力団」という糾弾の言葉も引っかかった。暴力団とは、「構成員が集団的に又は常習的に暴力的不法行為等を行うことを助長するおそれがある団体」だと法律で定義されている。資金を得る目的で恐喝や賭博、薬物取引、ヤミ金融や売春といった犯罪に手を染め、銃器を使った抗争で死傷者が出ることもある。メディアが一ディレクターの一言に同じ理屈で同様の表現を使えば、たちまち損害賠償の請求対象となり得る。そんなことは百も承知の日本郵政広報部に改めて問うと、こんな回答が返ってきた。[*31]

「お尋ねの発言は、一方的に自身の勝手な意思を押し通そうとするもので、極めて悪質な取材方法であると考え、いわゆる反社会的勢力と、行うことが同様ではないかという意味で申し上げたものです」

東証一部上場企業の広報部門が「暴力団」発言を容認したことには、言葉を失うほかなかった。会社として制御不能となっている証しだろう。社会の常識や企業の利益なんか、この際、どうだっていいのだ。鈴木康雄を肯定することが何よりも優先される、ということをまざまざと物語っている。

4・4　決闘の結末

「NHKによくあそこまで言ってくれた」

じつは日本郵政グループの幹部たちを取材していても、鈴木康雄の言動への異論は少なく、むしろ同調する声のほうが多い。「暴力団」発言は「受け止めや表現の問題」だと、複数の郵政幹部が言い切った。「こちらが3社長名の文書なら、会長名文書を返すのは当然」「むしろ長門社長の『今となってはその通り』のほうが言い過ぎだった」と澄み切った目で言われ、話がかみ合わないことも多々あった。[32]

それが彼らの本心なのか建前なのか。私にも判断がつかない。彼らが鈴木を恐れていた側面もあるだろうが、純粋に慕っていると思われる節も確かにあった。のちに鈴木が退社したあと、複数の有力郵政ＯＢが口をそろえた。[33]

「不思議なことに、旧郵政キャリア官僚の間では『ＮＨＫによくあそこまで言ってくれた』との声が出ている。一連のＮＨＫ批判で鈴木の評価はむしろ上がった」

日本郵政社長の長門も２０１９年11月の国会で、「鈴木副社長と私、意見はまったく一致してございます」と言い出した。2カ月半前の記者会見で「反省する」と言ったのは、「もうすこし敏感に動いていれば、早く対応できたのではないかということ」と語った。つまりＮＨＫへの抗議自体は、反省していないのだと修正。続けて答弁した鈴木も「（報道で）引用された長門の発言は、番組についての感想だ」と強調し、抗議を「反省した」と報じたマスコミのほうが間違いだと説明した。[34]

２０１９年12月27日。かんぽ問題で金融庁などの業務停止命令を受け、首脳陣の退任も公表した記者会見で、「暴力団」発言をめぐる対応が「アンタッチャブルに見える」と報道陣から指摘されると、長門は色をなして反論した。[*35]

「ＮＨＫの問題は、何か遠慮して申し上げているのではなくて。朝日新聞でしたか、『長門は言っていることとスライドして』と指摘があったが、終始一貫、申し上げているのは、クローズアップ現代の報道自体は厳しかったけれども、第２弾ができるときにウェブも立ち上がって、当時は『押し売り』とか『詐欺』とかひどい言葉があったので、『ひどいじゃないか』と鈴木も私もみな思った。今から思えば、大事件のヒントがあったので、謙虚に動いていればよかったと申し上げた。鈴木副社長は、その表現の問題はともかく、『あのときひどいと思ったんだ』と言っている。そこは最初から、ぜんぜん意見は一致しておりません。彼に何かアンタッチャブルなものがあって、怖いから触らないとか、そんな次元の話ではありません」

「一致しておりません」は言い間違いとみられ、ある記者が念のために「先ほど『全然一致していない』と言ったが」と確認すると、長門は毅然とこう言い出した。

「そんなこと、ひと言も言っていない。ひどいじゃないかと思ったのは彼一人じゃなく、当時はですよ、全然意見の違いはありませんよ、と言ったつもりだ。ただし、今から思うとあのとき反省して動いていたらという私の気持ちは言った。グループのなかで意見の不一致があったなんてひと言も言っていない」

要は、当時は報道がおかしいと思っていたという点で「一致している」、と言いたかっただけなのだろう。

鈴木自身は、ＮＨＫの取材が「暴力団」と同等だと主張し、動画だけでなく番組内容への批判にも及んでいる。鈴木はもっぱら「今」の評価を語っており、それが長門と一致しているとはとても思えない。

それでも、長門の周囲が想定問答をつくる際に、「社長と副社長の意見は一致している」という理屈を無理やり立てたのではないか。鈴木が今でも不満を抱えているのに、あえて前提を「問題発覚前の認識」に絞り込むことで、「不一致はない」と語らせようとしたのだろうが、屁理屈で事実をねじ曲げようとするから、無理が生じて間違いが起きやすくなる。長門も自分の間違いに気づけないほど、余裕を失っていた。

記者会見に来ていたクローズアップ現代＋の担当プロデューサーが自ら挙手し、「（暴力団という）発言は撤回しないのか」と尋ねても、長門はなお粘った。

「これは鈴木上級副社長の表現なので、私が言ったことでもなんでもないので、私が撤回というのは筋が違う」

私がたまりかねて「ＮＨＫの『詐欺まがい』はダメで、鈴木副社長の『暴力団』はオーケーなのか」と質問すると、長門はようやくこう話した。

「極めて不適切だと私は感じている。それは、ちょっと言い過ぎと。鈴木個人がどういう表現力の持ち主でどういう気持ちで言ったのか、忖度できなくはないが、それが社会的にそういう言葉で発言したというのは、ちょっと行き過ぎじゃないかなと感じています」

二転三転する迷走答弁

日本郵政グループとＮＨＫの対決は、ＮＨＫのトップ人事にも響いた。

２０１９年12月９日。経営委員会は翌年１月に任期を迎える会長の上田良一を退かせ、後任に元みずほフィナンシャルグループ（ＦＧ）会長の前田晃伸《てるのぶ》をあてる人事を決めた。

上田はトラブルメーカーだった前任の後を継ぎ、国会答弁や記者会見を無難にこなした。ＮＨＫにとって悲願のインターネット常時同時配信を実現し、当初は続投が既定路線。唯一の懸念材料は任期満了時に70歳と、やや高齢だったことくらいだ。

ところが、経営委は上田を引きずり下ろし、就任時に75歳となる元銀行会長を選んだ。かんぽ報道での厳重注意処分以外に、めぼしい理由はない。

経営委員長の石原進は記者会見で、上田の退任理由について「ガバナンスに問題があるという意見もあった」と説明した。「ガバナンス問題」が何を指すかは「受信料着服とか、いろんな不祥事が起こった」と一度は濁したが、「かんぽ問題も含まれるか」と重ねて問われると、「当然含まれる。私は大変な問題だったと思っている」と改めて上田を非難した。[*36]

経営委による会長への厳重注意処分は、前任の会長には3度も出たが、処分理由はハイヤーの私的利用や従軍慰安婦問題での暴言だ。上田への処分とはかなり色合いが違う。

石原は国会審議でも、統括チーフ・プロデューサーの失言は「見逃せない問題」だとし、会長が自ら回答しないのは「視聴者目線に立っていない」とした。ここで言う〝視聴者〟は取材対象である郵政グループを指す。受信料を負担している４０００万世帯の視聴者の目線はどう思っているのだろうか。[*37]

現場の失言を叱る資格が経営委にあるのか、という疑問もわく。

経営委員長代行だった森下俊三は２０１９年10月の国会内での野党合同ヒアリングで、非公開だった厳重注意をめぐる議論について「議事録はない。つくっていない」と一度は言い切った。野党議員が驚いて再確認すると、「ある」と言い直した。[38] 非公表であっても、法律で定めた議事録作成をしていなければ問題となる。翌日には、経営委員で監査委員も兼ねる高橋正美が「確認したが、議事録そのものを作っていない」と明言。それを森下も追認したが、10月中旬には「議事録はある」と言い直し、結局、「ある」に落ち着いていった。

経営委員長の石原は12月20日に任期満了を迎え、迷走を繰り返した森下が経営委員の互選で後任の委員長に選ばれた。12月24日の就任会見で、統括チーフ・プロデューサーの失言と比べ、森下や高橋が発言を二転三転させたのは問題ではないのかと、私は尋ねた。森下はムッとした顔を浮かべ、こう話した。[39]

「(国会での説明が二転三転したのは) 若干、認識が不足していた。迷惑をおかけしたことで申し訳なかったなと思うが、そういう話と、チーフ・プロデューサーの話は性質がまったく違う。チーフ・プロデューサーの話は、間違った説明をしている。それを現場責任者が言ったことは重大で、単なる不適切発言では済まない。大変なガバナンスの問題だと、経営委としては見逃せないということで指摘した」

無理が生じても気にせず押し通す姿勢は、郵政グループにも通じるところがある。

〝目先の利益〟と引き換えに失ったものは？

日本郵政グループによる一連の抗議にＮＨＫの続報を封じ込める狙いがあったのは、もはや〝バレバレ〟の状態ではないか。日本郵政は「放送をやめさせたり牽制したりする意図はなかった」と否定している。[*40] しかし、組織を挙げて展開された抗議の執拗さに加え、一度は見送られたはずの続編が再び放送されると認知した直後に抗議活動を再開させた一連の経緯に、「報道弾圧」の意図が色濃くにじむ。結果として報道が長く封じられたのも事実だ。

ＮＨＫ番組の取材や報道の手法にも「隙」があったのでは、とは私も思う。郵政側への取材を省いてネットに投稿した動画は、名誉毀損性を慎重に吟味し、郵政側にも反論の機会を与えていれば、より公平性が高まり、突っ込まれる隙を与えなかったはずだ。

ただ、多少の隙があるとしても、それだけで被害者が増え続けている問題を報じない理由とはならない。番組側が何かしら落ち度を認めたなら、それを取材相手に対しても率直に認めて謝罪し、正々堂々と報道を続けていればよかった。そうした対応がなされずに、結果的に多くの視聴者の期待に応えなかったことは残念だが、当時、ＮＨＫ番組を追いかける報道がほとんど出なかったことは、私を含む同業者にも反省すべきところがある。

ＮＨＫの続報が封じ込まれたことで、郵政グループは「目先の利益」をつかみ取った。

続報が出れば、再び郵政各社の取締役に報告しなければならなくなる。総務省からは行政指導を再び受ける羽目になる。国会や郵政民営化委員会での説明に追われるのは必至で、定例の記者会見でも質問が出る。へたをすれば、後追いをするメディアが出たかもしれない。それまでの対策が不十分とみなされれば、顧客の保護や救済のための追加策を迫られた可能性もある。

続報が出なかったことで、ＮＨＫの初報が出たときのような対応をとる必要がなくなり、顧客に無用な警戒心を与えずに保険を売り続けることができた。その一部が悪質な不正勧誘だったことは言うまでもない。

そして何よりも、続編封じによって得られた最大の〝恩恵〟は、日本郵政保有のかんぽ生命株の売却が、続編が封じ込まれている間に決定し、実際に市場で売り払われたことだ。グループにとっての最重要施策を実行し、法律で規定された保有割合の低下も進めたうえに、株価が高いうちに株式を手放すことができた。

一方で、目先の利益と引き換えに、失うものも大きかった。かんぽ問題は先送りしただけで、その後も顧客に与える損害は膨らんでいった。外部からの指摘を無視して暴走したうえに、報道機関を「暴力団」呼ばわりし、組織がその発言を擁護する異常な言動まで見せつけた。企業の信用や価値を徹底的に貶め、修復困難な領域にまで落とし込んだ。

組織の病は本来、早いうちに措置したほうが傷も浅くて済む。多少の痛みをともなうとしても、さっさと治療に取り組めば回復も早い。逆に治療が遅れるほど傷口は広がり、痛みも強まり、回復は困難になっていく。

報道を封じたことで得たものと失ったもののどちらが大きかったのか。それさえ判別がつかないほどに、郵政グループの病状は深刻なものとなっている。

＊１　坂部篤志を含む複数の出演者への２０１９年８～12月筆者取材

＊２　ＮＨＫ「クローズアップ現代＋」２０１９年10月18日付「かんぽ生命の保険をめぐる番組制作について」

＊３　長門正貢・横山邦男・植平光彦２０１８年７月11日付「ＮＨＫ『クローズアップ現代＋』のＳＮＳ動画掲載の中止の申し入れ」

＊４　ＮＨＫ「クローズアップ現代＋」２０１９年10月18日付「かんぽ生命の保険をめぐる番組制作について」

＊５　上田良一ら２０１８年10月３日記者会見、ＮＨＫ「クローズアップ現代＋」２０１９年10月18日付「かんぽ生命の保険をめぐる番組制作について」

＊6　日本郵政グループ幹部らへの２０１９年10〜11月筆者取材、ＮＨＫ内部資料など
＊7　長門正貢・横山邦男・植平光彦２０１８年８月２日付上田良一あて文書
＊8　ＮＨＫ労働組合分会執行部２０１８年11月29日付「クローズアップ現代＋『郵便局　不適正営業問題』放送延期の経緯」（内部資料）、２０１９年10月の組合集会配布資料「かんぽ不正の番組を巡る報道について」（内部資料）
＊9　ＮＨＫ「クローズアップ現代＋」２０１９年10月18日付「かんぽ生命の保険をめぐる番組制作について」
＊10　ＮＨＫ労働組合分会執行部２０１８年11月29日付「クローズアップ現代＋『郵便局　不適正営業問題』放送延期の経緯」（内部資料）
＊11　日本郵政広報部２０１９年12月４日取材回答
＊12　森下俊三２０１９年11月12日参議院総務委員会など
＊13　郵政３社長の一人への２０１９年12月23日筆者取材
＊14　長門正貢・横山邦男・植平光彦２０１８年10月５日付ＮＨＫ経営委員会あて文書
＊15　ＮＨＫ労働組合分会執行部２０１８年11月29日付「クローズアップ現代＋『郵便局　不適正営業問題』放送延期の経緯」（内部資料）
＊16　日本郵政広報部２０１９年12月４日取材回答
＊17　関係者提供２０１８年10月23日「経営委員会（委員のみの会）」議事内容、毎日新聞２０２０年６月29日付朝刊
＊18　日本放送協会経営委員会２０１８年10月23日付郵政３社長あて文書
＊19　複数のＮＨＫ関係者への２０１９年12月〜２０２０年６月筆者取材
＊20　朝日新聞２０２０年７月１日付朝刊
＊21　前田晃伸ら２０２０年７月２日記者会見

＊22　総務省幹部への２０１９年11月筆者取材

＊23　複数のＮＨＫ関係者への２０１９年12月～２０２０年６月筆者取材

＊24　上田良一２０１８年11月６日付郵政３社長あて文書

＊25　鈴木康雄２０１８年11月７日付ＮＨＫ経営委員会あて文書

＊26　長門正貢・横山邦男・植平光彦２０１８年11月13日付上田良一あて文書

＊27　ＮＨＫ専務理事放送総局長木田幸紀２０１９年11月19日衆議院総務委員会

＊28　長門正貢２０１９年９月30日記者会見

＊29　鈴木康雄２０１９年10月３日野党合同ヒアリング

＊30　鈴木康雄２０１９年10月11日衆議院予算委員会、同月15日参議院予算委員会

＊31　日本郵政広報部２０１９年12月２日取材回答

＊32　日本郵政グループ幹部らへの２０１９年10～12月筆者取材

＊33　複数の郵政ＯＢへの２０２０年１～２月筆者取材

＊34　長門正貢、鈴木康雄２０１９年11月12日参議院総務委員会

＊35　長門正貢２０１９年12月27日記者会見

＊36　石原進２０１９年12月９日記者会見

＊37　石原進２０１９年11月７日参議院総務委員会

＊38　森下俊三ら２０１９年10月３～16日野党合同ヒアリング

＊39　森下俊三２０１９年12月24日記者会見

＊40　日本郵政広報部２０１９年12月４日付取材回答

第5章

検証——経営陣の〝無責任体質〟

悪質な保険勧誘の問題を知らせる「警鐘」は、何度も鳴っていた。

顧客からの抗議は激増し、「だまされた」と訴える被害者がＮＨＫで報じられるまでに至った。日本郵政グループの幹部たちは、不正と疑われる契約が月に何千件も生じているデータを共有していたが、根拠もなく楽観論にしがみつき、実態を掘り下げて調べようとはしなかった。その場しのぎの弥縫策に終始し、報じられた被害者一人さえ助けようとしなかった。

実態が表沙汰になって批判を浴びたあとも自己弁護を繰り返し、実態に目を向けるよりも、もっともらしく正当化する言動が先に立つ。設置された調査委員会は経営幹部の主張を丸呑みにし、問題の根本原因には迫れなかった。名だたる民間経営者が居並ぶ社外取締役も、役には立たなかった。

不正の兆候を眼前に突きつけられながら、経営幹部たちがどのように目をそらし、問題をやり過ごしてきたのか。背景にあるかんぽ生命株の市場放出とともに、実態を見ていく。

５・１　最初の「警鐘」

激増する苦情と「骨抜きの対策」

最初の「警鐘」は、顧客による抗議というわかりやすい形で鳴り始めた。

かんぽが公表する苦情件数は、２０１１年度の18万７千件から２０１２年度26万８千件、２０１３年度33万件、２０１４年度39万９千件と３年間で倍以上に膨らみ、２０１５年度も39万２千件と高止まりした。[*1] 新商品が投入された影響を差し引いても、あまりに激しい増え方だ。

郵便局員による保険勧誘の不正は、表向きは減少傾向だった。保険業法違反で金融庁に届けた件数は２００９年度の77件がピーク。２０１４年度まで30～40件台、２０１５年度以降は20件前後だった。社内ルール違反と認定された事例も２０１０年度の６９８件をピークに、２０１４年度まで４００～５００件台、２０１５年度以降は２００件以下だ。[*2]

かんぽ生命は２０１３年７月、不正をなくす目的で営業部門から独立する「募集管理統括部」を設置。[*3]同年10月には70歳以上の高齢者募集で家族同席を原則義務化するなどの対策も講じたが、苦情はその後も増え続けた。

２０１６年８月29日。かんぽ生命社長の石井雅《まさ》実《み》は、保険販売を請け負う日本郵便社長の横山邦《くに》男《お》との会議で、苦情の増加も踏まえて「金融庁の検査を受けることも念頭に対応していく」と語っていた。[*4]同年５月施行の改正保険業法を踏まえ、金融庁が生保の乗り換え契約の実態に関心を抱き、近く郵便局のヒアリングを行う可能性があるとの情報を得ていたからだ。10月18日の社内会議では、かんぽ側から「悪質な事案が金融庁に見つかった場合は、グループ全体の信用が低下するおそれがあるため、危機感をもって対応していく必要がある」との声も出ていた。

かんぽの副社長らは、解約と契約を30回以上繰り返す１１０人超の顧客について調査する方針を決め、11月中旬には不正撲滅に向けた「取り組み素案」も策定した。素案には、乗り換えで顧客を保護するための転換制度の導入や乗り換え判定基準の見直し、チェック態勢の強化などが盛り込まれていた。のちに一連の問題を調べた特別調査委員会も、この素案は「不適正募集の防止の観点から効果があると考えられた施策を総合的に盛り込んだ」と評価した。[*5]

だが、素案策定の翌12月、素案をまとめた副社長はコンプライアンス担当を外され、年明けに別会社へ異動させられた。対策案はそこからうやむやになっていく。

２０１７年初めに行った顧客調査では、顧客１１２人分の契約のうち不正は３件しか見つからず、調査対象の郵便局員２９５人のうち３人だけが不正に関与したとされた。[*6] このとき〝シロ〟にした郵便局員が、のちに同じ契約で何人もクビや停職になっていることから、多くの不正を見過ごしていたとみられる。

金融庁は２０１９年秋からの立ち入り検査で、「２０１６年の素案がなぜそのまま実行されなかったのか」とその後の経営陣を追及した。石井の後を継ぎ、２０１７年６月に社長となった東京海上ホールディングス出身の植平光彦《みつひこ》のもと、２０１７年末には新たな「総合対策」が策定されたが、金融庁は「骨抜きになった」とみていた。[*7]

異常な数値を主要幹部が共有

「募集品質データ」と呼ばれる数値が遅くとも２０１７年以降、かんぽ生命と日本郵便の主要幹部の間で共有されていた。かんぽ生命の社長に植平光彦が就いたころには、２０１６年度の数字が集計されていた。[8]

募集品質とは保険勧誘の品質を指す。データからは、悪質な勧誘がどれほど横行しているのかを類推できる。まともな保険会社や代理店の幹部なら、気が気でなかったはずだ。

２０１６年度分の集計では、顧客が保険の申し込みから一定期間内に契約を解除した「撤回等」は、年10万９６５６件もあった。申し込み件数に占める割合は４％を超え、25件に１件以上の申し込みが撤回されていた計算になる。

かんぽの保険は、契約書類の受け取りから８日以内のクーリングオフに加え、保険開始日前なら申し込みをやめられる制度もある。保険開始日は申し込みから最長３カ月先まで設定できるため、通常のクーリングオフより撤回可能な期間も長く、それだけ撤回が増える可能性はある。それにしても、大手生保でのクーリングオフ発生率は多くが０・１％以下なので、かんぽの撤回率の高さは際立っている。

信越地方のある郵便局で開かれた週末の保険相談会では、支社から来た営業社員が高齢者を相手に保険契約を取り付けまくり、週明けの月曜、火曜には同居する家族からクーリングオフの連絡が押し寄せたことがあった。同居する家族がいない単身の高齢客は大丈夫か、と案じる郵便局員もいた。[9]

保険料を1度も払わずに解約となる「未入金解除」、保険料が1度だけ払われて解約になる「1P解除・失効」は計2万7千件。他の民間生保ではほとんど発生しておらず、これも異常な数値だ。

植平も社長就任後に募集品質データの報告を受け、「募集品質向上は経営上重要な課題」との認識を示していた。民間生保と比べて数値が突出して悪いため、2017年8月の日本郵便社長の横山邦男との会議では、「保険本来の趣旨から外れる契約が行われているおそれ

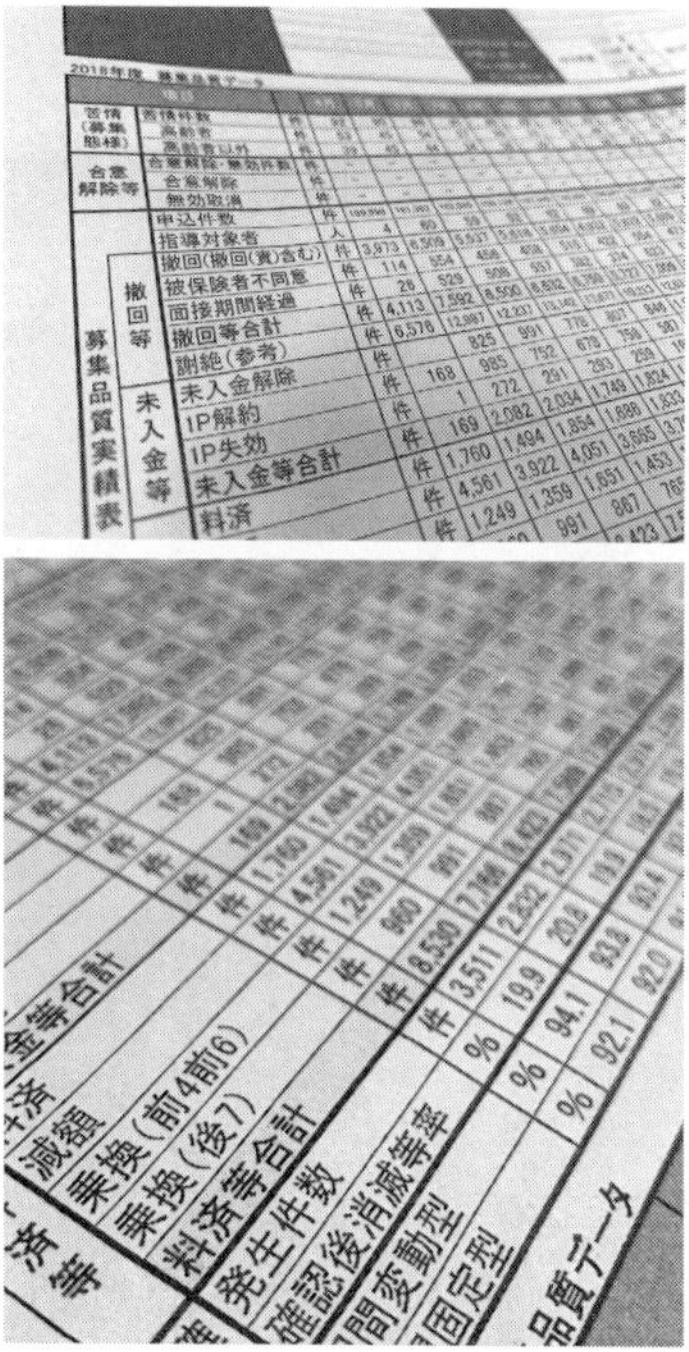

かんぽ生命と日本郵便の主要幹部の間で共有されていた内部資料「募集品質データ」

がある実態に照らし、不適正募集が発生するリスクが増大している」とし、対策を打つことにした。[*10]

２０１７年1月設置の「かんぽ募集品質改善緊急対策本部」は、同年10月に「緊急」の２文字を消した「全国かんぽ募集品質改善対策本部」に変わった。毎月あった会議で、両社の募集管理、コンプライアンス、営業推進の担当幹部が月次の募集品質データを共有していたが、危機感のほどはわからない。

２０１７年末にまとまった「総合対策」は、顧客への意向確認や郵便局員の指導を強化し、人事評価体系や手当の判定方法を見直すことが柱だった。実施や導入まで1年以上を要するものが少なくなく、２０１６年秋の素案にあった「転換制度の導入」は消えていた。

苦情を激減させるマジック

かんぽ生命がホームページなどで公表していた苦情件数は、２０１７年から劇的に減っていく。

２０１４〜２０１５年度に39万件台、２０１６年度も33万件台と高水準が続いたのち、２

０１７年度に12万４千件と一気に４割近くに縮み、翌２０１８年度は９万９千件となる。[*11]
傍目には、対策本部の設置や総合対策が奏功し、苦情が激減したように見える。
だが、これには「からくり」があった。苦情の前提となる定義を段階的に変えていたのだ。具体的には、かんぽは２０１７年４月、内容が抽象的なものは外し、苦情は「具体的な不満の表明があるもの」に絞り込むことにした。さらに２０１８年４月、同じ顧客からの苦情を一つずつ数えるのはやめ、「１件」と換算することにした。これが〝激減〟を演出していたと判明するのは、２０１９年末のことだ。

定義を見直すことに問題はない。新たな定義は、他の民間生保の仕分け方にならったものだった。保険の申し込み件数も減っており、定義をそろえても減少傾向だったとみられる。[*12]
しかし、かんぽは苦情の前提が変わったことを明示せずに、前提の異なる〝苦情件数〟をホームページで掲載。国会でも郵政幹部が「総合対策の効果」によって「苦情が大幅に減った」とPRしていた。[*13]

元日経新聞記者で郵政問題に詳しく、政府の有識者会議のメンバーを務めた経験もある田尻嗣《つぎ》夫《お》も、かんぽ幹部から「対策を打って苦情が劇的に減った」と説明されたことがある。定義変更のからくりは不祥事のあとに知り、「役人集団にだまされた」と憤る。虚飾の苦情件数を示されたのは、田尻が２０１８年４月のＮＨＫ番組にゲストとして出演する直前のことだった。[*14]

5・2　問題の核心

高齢者＝貴重な「収入源」

ＮＨＫ「クローズアップ現代＋」で不正問題が特集されたのは、激増する抗議を受け、形式的な対策を講じていたさなかのこと。「警鐘」が外部からも鳴らされた形だ。

放送翌日の２０１８年４月25日、かんぽ生命と日本郵便の両社長が社内向けに発表した声明には、「必要な対策を講じている最中であり、高齢者苦情の件数は減少している」などと書かれていた。

日本郵便社長の横山邦男の本音は、やや違っていた。横山は４月26日、かんぽ社長の植平光彦と双方の担当役員を集めた会議で、こう語っていた。[*15]

「80歳以上の高齢者には販売しない、あるいは販売しても販売実績を計上しないこと、70歳以上の高齢者には家族同席を必須とすること等、思い切った見直しが必要ではないか」
「長年のカルチャーを変える必要があり、年度途中でも営業目標の水準を見直すことが必要である」

横山は２０１６年の社長就任時から、高齢者への保険募集に強いニーズがあるとは思えず、積極的な勧誘は控えるべきだというのが持論だった。それだけにＮＨＫ報道は、高齢者向けの保険募集を全面的に見直すいい機会だととらえた。

かんぽ側は抵抗した。横山の前では「翌月の決算発表までに素案を作る」と応じたが、5月10日のかんぽ内の打ち合わせでは、植平が業績への悪影響を懸念して横山案を否定。「不正排除と収益確保の両立」を図る代案の検討を営業部門に指示した。

かんぽにとっては、郵便局に信頼を寄せる高齢客は貴重な「収入源」だ。続く5月15日に公表されたグループの中期経営計画（２０１８～２０２０年度）では、横山の言葉などなかったかのように、保有契約の「反転・成長」が基本方針として掲げられた。[*16]

植平は5月29日の会議で横山に訴えた。[*17]

「日本郵便の案では、中期経営計画で掲げる保有反転及び３９０億円の年間営業目標を達成できない。販売実績の減少インパクトを最小限とする案で取り組みたい」

その場で横山は首を縦に振らず、「80歳以上の契約が正常な判断力で締結されるとは想像しがたく、募集管理が厳格な投資信託と同じように保険販売も厳しくすべきだ」と反論。ＮＨＫ報道の指摘に対して「既存の総合対策の実施で対応可能」と主張する植平とは平行線をたどった。

かんぽ側は、契約者が80歳以上でも、被保険者が70歳以上なら勧誘をやめ、70歳未満の被保険者は勧誘を続ける「代替案」を用意。横山案では24億円の減収だが、代替案なら子どもや孫を被保険者とする保険は手放さずに済み、７億円の減収にとどまると試算された。

植平は６月22日、日本郵政社長の長門正貢《まさつぐ》に二つの案を示し、減収が17億円分縮まる代替案のほうが長門の意に沿うと確認。長門も同じ考えだと横山に通告し、翌月までに了承も取り付けた。かんぽの代替案は、２０１９年４月から実施される。

総務省の指導も形ばかり

総務省情報流通行政局郵政行政部はＮＨＫ番組の翌日、日本郵便に対し、高齢者への不適正募集の改善について指導し、改善策の報告を求めた。

これに対し、郵政グループは「放送された事例があるのは事実だが、すでに対策は打っている」という趣旨の報告を行い、新たな対策は講じなかった。報じられた被害者が放置されていても、そのことを総務省は咎めなかった。問題が起きても「形」ばかりの対応でやり過ごした点では、総務省も同罪だ。

発足当初は郵政グループの〝監視役〟と期待された郵政民営化委員会では、2018年5月24日、委員5人のひとり、読売新聞グループ本社会長の老川祥一《おいかわしょういち》がこう質問した。[*18]

「（NHK番組で）かなりノルマがきつくて、契約してあるものをわざわざ解約させて、また新規にさせるとか相当無理な営業が行われていることを、当事者を登場させていた。そこらへんの実態はどうなっているのか。あまり無理をして郵便局やかんぽに不信感が生まれると前提が崩れてしまうので気をつけないといけない」

かんぽ副社長の堀金正章《ほりがねまさあき》は、こう答えていた。

「報道でああいう形で出たのは重く受け止めている。一部の職員だが、（略）報道の通りの事実もあった。今回の中期経営計画でも、お客さま本位の営業ができるようにいくつか施策を入れている。営業目標は『かなり高い』と報道され、トータルで見れば9割近くの実績は確保しているが、実態に合わせ、目標水準も下げる等の対応をとったところだ」

続けて追及する委員はいなかった。

一連の問題発覚後の２０２０年１月17日の記者会見で、２０１６年９月から郵政民営化委員長を務める岩田一政（元日本銀行副総裁）に「当時の対応は十分だったか」との質問が相次いだが、岩田は「民営化委員会は個別事案を監督指導する権限は持たない」と繰り返し、不正を許した悔いや反省は見せなかった。

見た目は立派な社外取締役

「警鐘」に耳を傾けなかったのは、郵政グループ経営陣と総務省だけではない。郵政グループの社外取締役も同じだ。

日本郵政とかんぽ生命、ゆうちょ銀行の上場3社は、社外取締役が過半を占める指名委員会等設置会社だ。日本郵便も取締役のほぼ半数を社外取締役が占めた。形だけは超一流だ。

かんぽの社外取締役は２０１８年４月時点で、12人中８人。パソナグループ元取締役の鈴木雅子《まさこ》、ＩＨＩ会長の斎藤保《たもつ》、アイスタイル取締役の山田メユミ、元国交官僚の松田紀子《みちこ》、元大阪高検検事長で弁護士の尾崎道明《みちあき》、ワーク・ライフバランス社長の小室淑恵《よしえ》、セイコーホールディングス会長兼ＣＥＯの服部真二《しんじ》、ＮＥＣ会長の遠藤信博《のぶひろ》がいた。このうち鈴木と斎藤、山田の３人は２０２０年６月以降も取締役に残り、松田は２０１８年６月にかんぽ常務に転身している。社内取締役はかんぽ社長の植平光彦、副社長の堀金正章、元常務の定行《さだゆき》恭宏《やすひろ》、日本郵政社長の長門正貢の４人だ。

かんぽはＮＨＫ番組の放映前に、取材内容や不正防止の取り組みなどを全社外取締役に知らせた。放送後は、社外取締役から事実確認や懸念の声も寄せられたというが、詳しいやりとりは明らかにしていない。[19]

日本郵便もかんぽと同様に、社外取締役にＮＨＫの取材内容などを事前に伝えた。[20]日本郵便の社外取締役には、宣伝会議副社長の田中里沙《りさ》、イー・ウーマン社長で政府の有識者委員も歴任する佐々木かをり、元ＮＴＴ東日本社長の高部《たかべ》豊彦《とよひこ》、日興システムソリューションズ会長の軒《のき》名《な》彰《あきら》、元読売新聞記者で日本民間放送連盟専務やＮＨＫ経営委員会委員などを歴任した北原健児《けんじ》の計５人だった。このうち北原をのぞく４人が２０２０年６月以降も社外取締役にとどまっている。

親会社である日本郵政の社外取締役の顔ぶれはもっと華やかだ。

元新日本製鉄（当時）社長で日本商工会議所会頭の三村明夫《みむらあきお》、元東京海上日動火災保険社長でＮＨＫ経営委員会委員長や経団連副会長も歴任する石原邦夫《くにお》、ＪＲ東日本会長の清野《せいの》智《さとし》、元神戸製鋼社長の犬伏泰夫《いぬぶしやすお》、元共同通信監査役の八木柾《ただし》、かんぽと提携関係にあるアフラック日本法人会長のチャールズ・ディトマース・レイク二世、21ＬＡＤＹ社長の広野道《みち》子《こ》、建築家でＮＨＫ経営委員会委員も経験した日本ぐらし代表の野間光輪子《みわこ》、元名古屋高検検事長で弁護士の宗像紀夫《むなかたのりお》の計９人。三村、石原、レイク二世、広野の４人が２０２０年６月以降も留任している。

日本郵政はＮＨＫの放送翌日に取締役会があり、そこで番組内容に関する意見が出た。２０１８年６月の監査委員会では、会社側が放送内容に関する報告をした[*21]。当時の監査委員は八木（委員長）、野間、宗像の社外３人と、社内取締役の向井理希《りき》の計４人だった。

郵政３社は各社外取締役にも、「放送内容は事実だが、きちんと対策をしている」という趣旨の説明をしたとみられるが、詳しい中身や各社外取締役の対応は不明だ。

日本商工会議所会頭として定期的に記者会見を開く三村は、２０１９年12月19日の記者会見で「答える自由度がない」と繰り返しながら、こう語った。

「残念ながら不幸なことが起こったが、どんな会社も問題は必ずあるわけで、根本的に変えることは難しい。今回のようなことがあったから、正しい方向に変える好機だと思っている。数々の問題を直すことが従業員全体のモラル向上に大切なことだ」

重ねて社外取締役としての責任を問われると、三村はこう続けた。

「結果責任はある。その責任を貫徹するために、新しい改善努力をみんなと一緒にやっていきたい」

会社の取締役は、会社に損害を与えないよう適切な注意を払いながら業務にあたる「善管注意義務」を負う。企業経営への適切な監督・監視を怠れば、生じた損害を賠償する責任も負う。郵政３社の取締役は、自身の責任を果たしたと言えるだろうか。

異常な水準に変わりはないのに

主要幹部が顔をそろえる全国かんぽ募集品質改善対策本部で共有された月次の募集品質データには、不正と疑われる契約が２０１８年度以降も高水準で出現していた。

「撤回等」は２０１７年度で７万３千件、２０１８年度６万４千件。申し込み件数の減少に応じて総数も減っていたが、申し込み件数に占める撤回率は４％台で、異常な水準に変わりはなかった。[*22]
「未入金解除」は２０１７年度で１万３千件、２０１８年度で１万件。「１Ｐ解除・失効」は２０１７年度で１万２千件、２０１８年度も１万２千件。高水準が続いていた。
「無効・合意解除」の合計数は２０１７年度５８９件、２０１８年度５７７件。ここには、かんぽ側が何らかの問題を認めながら、郵便局員の否認を頼りに不正と認めないケースが多く含まれる。合意解除という手法については、かんぽ社長の植平光彦も問題が潜在しているとは認識しつつ、「（不正と認定しなくても）顧客救済が図られる」「総合対策で数年内に件数が減少する」などと考えていたとされる。[*23]
「乗り換え潜脱」が疑われる契約は、ＮＨＫ報道後に増加していた。「後７」と呼ばれる保険料の二重払い（解約日を７カ月後にずらす）は２０１７年度で８９０２件、２０１８年度が９８７６件。解約日を４～６カ月前にずらす「前４～６」は、２０１７年度１万６８６５件、２０１８年度１万７９８１件だった。これらは、実績や手当を稼ぐため、乗り換えの判定基準を免れた疑いがあるもので、のちに大規模な調査の対象にもなった。
　対策本部の会議では、こうした月次データに加え、被保険者を変えて実績や手当を稼ぐ「ヒホガエ」が起きていること、節税効果があると言いながら顧客の意に沿わない契約に加入させる「相続話法」があること、さらには「保険に入った」という認識さえない契約での苦情が出ていることなど、具体的な事例も報告されていた。[*24]

かんぽや日本郵便の社長を含む多くの幹部はなぜ、そうしたデータを目の当たりにしながら、埋もれている被害者に手を差し伸べて救おうとは言い出さなかったのか。そこが、かんぽ問題の核心部である。

5・3　金融庁、動く

ベテラン担当者の嗅覚

かんぽ生命を監督する金融庁監督局総務課郵便貯金・保険監督参事官室が本格的に動き出したのは、ＮＨＫ報道から6カ月余りが過ぎた２０１８年秋だ。

金融庁にとって、郵政グループは厄介な存在だ。保険業と銀行業は金融庁の監督領域で、郵便事業と持ち株会社は総務省の監督対象となる。持ち株会社の株式の過半を握るのは国で、中途半端な追及をすれば政治家から何を言われるかわからない。

当時の参事官室では、保険課の在籍経験を持つベテラン担当者が、重大な問題が埋もれている疑いを嗅ぎ取り、分析を続けていた。「募集品質の向上」を重要課題に掲げ、形ばかりの「対策」を講じる郵政側に対し、突破口となる「切り口」と見込んだのが乗り換え契約だった。[*25]

金融庁参事官室は２０１８年11月初め、乗り換え契約に関するデータの提出をかんぽ側に求めた。金融庁担当者は「顧客にメリットがないと考えられる商品の販売件数が多すぎる。顧客本位ではなく、募集人本位の意識があると思われる」と指摘し、経済合理性がない乗り換え契約の分析も求めた。[*26]

かんぽの調べでは、２０１８年11月の１カ月の新契約申し込みは約16万件あり、そのうち約２万件が乗り換えと判定された。２万件のうち５７７６件は、乗り換えによって保障性が増えていないなど、経済合理性が乏しいと判断された。

乗り換えの必要がなかったとみられる４００件程度のサンプル調査では、ほぼ全員の顧客が「不利益になるとわかっていた」と回答したとされる。だが、そう回答された契約には、保障内容が同じで保険料だけが割高になっていたり、保障内容が変わっていても解約する必要がなかったりするものが多く含まれた。[27] つまり、多くの顧客が不利益になる乗り換えを好《す》き好《この》んで求めてきた――という報告である。

かんぽが翌春までに示したデータでは、乗り換えをしようとしたのに、病歴などを理由に新たな保険に入れず「無保険」となる顧客が月に平均約１８０人いた。乗り換えはできても、保険金の支払い請求に応じない「支払い謝絶」が２０１８年４～12月に82件あり、そのうち51件は乗り換えをしなければ保険金が支払われていたとみられる。[28]「被害者」が多く埋もれているのは、すでに明らかだった。

たび重なるダメ出し

金融庁参事官室の担当者は２０１９年２月中旬、監督官庁との連絡・交渉役を担うかんぽ生命調査室長に対し、乗り換え契約への対応を求めた。[29] 内容は、経済合理性のない乗り換え契約の実態を調べて追加策を検討すること、保険金の支払い謝絶や無保険状態が起きた場合の詳しい調査や顧客の救済策を検討することだ。

かんぽ社長の植平光彦はこの報告を踏まえ、２月下旬に担当役員へのメールで対応を指示した。内容は、①経済合理性のない乗り換え契約は苦情がなくても撲滅する必要があり、必要な追加策を講じること、②保険金支払いや保険引き受けの謝絶は顧客保護を最優先に対応すること、③金融庁から求められた改善策は網羅的に対応策を洗い出し、実施時期を明確にして理解を得ること、④金融庁の指摘を踏まえ、問題点をすべて明らかにし、問題を隠すことなくスピード感をもって対応すること、などだ。

3月13日、植平は担当役員らと協議し、乗り換えで無保険や支払い謝絶となる可能性のある事案がないかを調べて対応すること、1年後の2020年4月をめどに顧客保護のための「転換制度」や「停止条件付解約制度」の導入を検討することも決めた。同一商品の乗り換えは実績や募集手当として計上しない案も出たが、日本郵便の反対で採用されなかった。

3月15日には、金融庁参事官室の幹部がかんぽ常務に「契約関係書類に顧客の署名・押印を得ているから問題がないという評価の妥当性には疑問がある」と釘を刺す一幕もあった。

3月下旬には、乗り換え契約への対応策を説明したかんぽ側に対し、金融庁の担当者は「抜本的解決策としては不十分」とし、募集人へのインセンティブをなくす施策や責任者が内容をすべてチェックする仕組みが必要だ、と指摘した。

4月上旬には、かんぽ専務が金融庁参事官室を訪ね、苦情件数が2016年度から激減していることを説明し、「総合対策」によって状況が改善しているとアピールしたが、金融庁参事官室幹部からは、こうダメ押しされた。

「正確な実態を把握したうえで網羅的に対応することが必要。顧客の不満が顕在化していない契約も含め、顧客の意向に沿っているかの事前チェック態勢が不十分だ」

そうした指摘を受けた直後、指摘された事実は伏せられたまま、かんぽ株が市場に放出されていく。

不都合な真実を抱えながらかんぽ株売却

かんぽ生命は２０１９年４月４日、日本郵政保有の株式売り出しを取締役会で決議し、公表した。かんぽ株の売り出しは２０１５年の上場時以来となる２度目。日本郵政による保有割合が５割以下になれば、新商品・サービスの提供がしやすくなって経営の自由度が高まる。法律で金融２社の全株式を「できる限り早期に処分する」と定めているため、株売りは同グループにとって最重要施策の一つだ。

今回の株売りは２０１８年秋ごろ、かんぽが日本郵政社長の長門正貢と上級副社長の鈴木康雄に要請し、２０１９年１月中旬の長門の打診を合図に具体的な協議が開始。日本郵政の経営会議も経て、２０１９年１月30日に長門が決裁した。

２月には主幹事証券会社による調査（デューデリジェンス）があり、かんぽ生命ＩＲ室は「現時点で新たな行政処分等が発生する可能性として認識している事項はない」と２月21日付で回答していた。[*30]

３月18日には、西日本新聞の朝刊１面に「郵便局員が違法な保険営業　高齢者と強引契約」と題する記事が載った。ウソの説明で契約をもぎ取る例も含め、保険業法違反が２０１５年度以降で68件あるほか、保険営業への苦情が全国の郵便局に過去３年半で１万４千件超も寄せられ、高齢者に関わる内容が約６割を占めることも書かれていた。主幹事会社から説明を求められたかんぽ側は、「報道内容は事実」としつつ、「現時点で新たな行政処分がなされる懸念はない」と回答した。

４月中旬に金融庁参事官室でかんぽ株の売り出しを説明したかんぽ常務に対し、金融庁幹部は「報告徴求を行うかどうかの方針は決めていない」としつつ、正確な実態把握の必要性や顧客の意向を確認するチェック態勢の不十分さを改めて指摘した。[*31]

かんぽ募集管理統括部は同じころ、金融庁参事官室の担当者から「報告徴求の可能性がある」と示唆され、「金融庁の問題意識の把握とそれを受けた追加策」についての検討を４月下旬から始めていた。

報告徴求とは、監督官庁による日々のコミュニケーションとは異なり、不正などの疑いが生じた場合に関連資料などを提出させ、行政処分を科すかどうかの判断材料とするためのものだ。行政処分に至らない場合もあるが、少なくとも処分の「一歩手前」の段階に入ることを意味する。

かんぽ株の売り出しが完了する前日の４月22日、かんぽは売り出し公表時から重大な変更点がないかを主幹事会社から確認された。かんぽＩＲ室は金融庁からの指摘も踏まえ、「保険業法に基づく報告徴求を受ける蓋然性が高まっている」と伝えた。法律事務所からも詳しい経緯を聞かれ、かんぽＩＲ室の担当者はこう説明した。

「金融庁から募集品質の照会を受け、顧客の苦情事例などを提出した。即時に処分にはならないというのが４月22日時点の見通しだ。乗り換え前の既契約が解約されたことで保険金が不払いとなった事案を約１００件程度把握しているが、顧客が納得して解約しているものも混在していることから、経営への影響は重大ではないと考えている」

かんぽは翌23日に株式の売り渡しを完了させた。「売り抜けた」とも言えるだろう。日本郵政によるかんぽ株の保有割合は89・0%から64・5%に低下した。放出された株を買った投資家の多くはその後、不正発覚などによって多額の損を抱え込むことになる。

報告徴求

株が売り出されたあとの２０１９年5月中旬。かんぽ生命社長の植平光彦は、金融庁参事官室の幹部に電話をかけた。[*32]

植平は「２０２０年度には（不正の）撲滅を目指し、強い意志で取り組む」と表明する一方、「可能であれば、報告徴求は避けてほしい」と懇願した。相手は報告徴求の見通しを明かさなかったが、植平はその後、部下からのメールで、金融庁がまもなく報告徴求をすると知らされた。

金融庁の5月28日付の報告徴求命令は、かんぽが3月までに報告した事実について、原因分析と改善策、その対応予定時期などを1カ月以内に報告するよう命じるものだった。

植平は5月末の経営会議で、報告徴求を契機に乗り換え契約や高齢者募集の問題の解決に取り組むことや、営業目標の適切性と顧客への権利回復の対応策の検討を指示した。6月3

日には金融庁参事官室の幹部と面談し、報告徴求の趣旨について説明された。内容は、①郵便局の保険募集の実態把握ができておらず、自主的な原因分析や改善が不十分、②乗り換え契約の抑制のみでは不十分で、郵便局員の意識を変え、かんぽの意向が郵便局の末端まで届くようにする必要がある、③グループ各社のコンプライアンス部門は態勢が不十分で、リスク事象が発生する前の現状分析や未然防止策が不足している、ことなどだ。[*33]

だが、この時点においてもまだ「重大な問題とは思わなかった」というのが、のちに植平が展開する主張である。

「スーパー不適正ではない」

２０１９年６月24日。朝日新聞の朝刊１面に「かんぽ生命、不適切な販売　既存の保険、不利な契約へ乗り換え」と題する記事が出た。２０１８年11月の乗り換え契約の約３割は、顧客にとって経済合理性が乏しいことが書かれていた。かんぽが金融庁に報告した内容と重なる。

その日の午後、たまたま定例の記者会見があった日本郵政社長の長門正貢は、朝日新聞報道に対してこう釈明した。

「不適切の定義によるけれど、しっかりお客さまのサインをいただいている案件ばかり。法に反するルール違反をやったとは考えていない。ただし、指摘されている側面があったということだから、そこは反省している。明確な法令違反があったとは思っていない」

「高齢のお客さまへの保険販売はきちっとやろうというコンプライアンスの姿勢がもう始まっていた。その前もむやみにやろうという営業方針などあるわけないが、よりきちっとやっていくということで対応が始まっていた。日本郵便も含めてコンプライアンス重視でやっていこうということで、一生懸命頑張っている最中だ」

長門は問題のある契約について「スーパー不適正ではない」とも表現したが、その後の調査では３千件超の法令・社内ルール違反が判明することになる。

かんぽ社内では報道直前まで、金融庁に求められた実態調査の対象範囲を決められずにいた。当初は２０１９年４月以降に限定しようと考え、２０１７年10月まで広げる案もあったが、社長の植平光彦は「２０１７年10月以降に限定する合理的な理由がない」「顧客が不利益事項を理解して乗り換えをしたものまで調べる必要はない」と注文をつけていた。[*34]

朝日新聞の報道後、海外出張中だった植平に代わり、専務や常務らが協議し、契約書類の保存期間である過去5年間を調査対象とする方針を確認。帰国した植平の了承も得て、「投資家の投資判断に著しい影響を及ぼす」として6月27日に公表するに至った。「無保険」や「支払い謝絶」の事案約2万4千件を調べ、結果に応じて保険料返還や保険金支払いなどの対応をとるという内容だった。[*35]

翌6月28日には、金融庁の報告徴求への回答を提出した。過去5年間の問題事例を調べて顧客の救済に取り組むほか、保険募集の実態把握や郵便局員の意識改革、営業目標の検証、乗り換え契約の勧奨停止と実績の取りやめ、転換制度の導入といった改善策も盛り込んだ。

総務省も日本郵便に形ばかりの報告徴求を行い、かんぽが金融庁に提出した回答とほぼ同様の報告を受けていた。

社外取締役の反応は、相変わらず鈍かった。

かんぽ生命の取締役会では、金融庁の報告徴求について6月17日に報告されたが、実質的な議論はなかった。[*36] この日は株主総会で取締役就任の承認を得た直後ではあったが、社外取締役1人をのぞく全員が再任なので、言い訳にはならない。

かんぽの社外取締役が重い腰を上げたのは、報道各社が一斉に問題を報じてから2週間以上が過ぎた7月11日。元パソナグループ取締役の鈴木雅子、弁護士の尾崎道明、アイスタイル取締役の山田メユミらで構成する監査委員会が臨時取締役会の招集を求め、7月18日の取締役会でようやく実質的な議論を始めた。

日本郵便も6月21日の取締役会で、総務省から受けた報告徴求への回答が決議事項となり、今後の対応も含めて会社側が説明したが、実質的な議論が始まったのは7月23日の取締役会とされる。

日本郵政の取締役会では報告徴求についての説明はなく、新聞報道から1カ月後の7月24日の取締役会で実質的な議論を開始。その日のうちに特別調査委員会の設置を決議したというから、もはや「出来レース」でしかなかった。

いわくつきの調査委員会

特別調査委員会の委員長には元最高検察庁次長の弁護士、伊藤鉄男《てつお》が就いた。

伊藤は、施工不良が大量発覚したレオパレス21が２０１９年2月に設置した調査委員会の委員長も務めた。その調査報告書は、10年以上も不正を見過ごした経営陣への調査や根本原因の究明が不十分で、提言した再発防止策の説得力や実効性にも疑問があるとして、同年6

月に格付け委員会から低評価を受けたばかりだった。[*37] レオパレスはその後も債務超過となるなど経営の迷走が続いている。

「第三者委員会」を名乗らない「特別調査委員会」には、注意が必要だ。日本弁護士連合会が策定した第三者委員会ガイドラインの条件を満たさない恐れがあるからだ。日弁連のガイドラインでは、第三者委員会の設置目的は、ステークホルダーへの説明責任を果たすこと。証拠にもとづいて客観的に事実を認定し、経営陣に不利な内容でもきちんと報告書に記すこととしている。調査報告の内容を事前に経営陣へ伝えるのはご法度《はっと》だが、現実には、報告内容を経営陣に示してすり合わせる「筋悪」の特別調査委員会もある。[*38]

伊藤が率いる特別調査委員会が２０１９年末に公表した「調査報告書」は、結論を先に言えば、「経営幹部に甘い」内容となっている。

不正の動機は現場の職員が営業手当や販売実績を稼ぐためだったとし、現場には不正を黙認したり正当化したりする風潮があり、それを助長したのは新規契約に偏った手当や達成困難な営業目標だったと認定した。「リスク感度の低さ」や「問題を矮小化する組織風土」、「縦割り意識に起因する部門間の連携不足」といった指摘も一応はされている。

だが、組織のなかで不正の実態を誰がどの程度まで認識していたか、何度も鳴らされた

「警鐘」に組織としてなぜそっぽを向いたのか。そうした問題の核心部分には斬り込めていない。本支社の担当幹部については「不正の実態を（正確には）把握していなかった」と安易に認める傾向がある。

上層部よりも現場が悪い？

調査の特徴は、検事出身の委員3人のほかに弁護士25人を投入し、約650人の役職員へのヒアリングに力を割いたことだ。

特別調査委員会からヒアリングを受けた郵政関係者の一人は、こう振り返る。

「法令や社内規定に違反したかどうかに関心が偏っていて、企業経営が本来はどうあるべきなのかという観点や理解が欠けているように感じた」

調査報告書に書かれた不祥事の原因分析は、問題を起こした役職員の「証言」をつなぎ合わせた、という色彩が強い。制度の変遷や仕組みは詳しく描かれている一方、根本原因へと進んでいくと、〝容疑者〟が問題発覚後に整理した言い分をとりまとめた〝供述調書〟のように読める。証言が一つひとつ信用できるのかを吟味した形跡が乏しいからだ。

自ら不正をしたと認めた現場の郵便局員の7割が「上司が黙認していた」とアンケートで回答し、不正を指南した例やパワハラで追い込まれた例が具体的に記述されている。郵便局の管理職レベルまでは、不正を認識していたと匂わせる節がある。だが、本支社の担当幹部が自らの問題認識を明かすことはほとんどなく、縦割りや問題矮小化といった組織風土の問題を他人事《ひとごと》のように解説する証言がめだつ。どの証言がどれだけ信用できるのかは、報告書からはうかがい知れない。

かんぽ役員の証言としては、こんな言葉を引いている。[*39]

「担当部署で情報を閉じ、結論だけを取締役会に上げる風土がある。問題が発生しても『問題はあるが、すでに対応済み』と報告し、情報伝達の過程で問題が矮小化される」

これが事実なら、どんな情報がどの階層でどのように矮小化されていくのか、具体例も挙げながら解明することが、最大の焦点となるはずだった。だが、そこを掘り下げて詳しく調べようとした形跡もない。

報告書の最後には、多くの社員が不正を知りながら上層部には届けず「見て見ぬふりをした」と指摘し、「黙っていることは共犯」という言葉を投げかけた。[*40] 不正の横行を示す兆候に接しながら必要な対応を取らなかった上層部よりも、不正を知っていたことが明白な現場のほうを厳しく責め立てるものだ。

中身のない「デジタル・フォレンジック」

最近の第三者委員会の調査では、ヒアリングを幅広く展開するよりも、まずは役職員のパソコンや携帯に残るメールやメッセージなどのデータを調べて分析する「デジタル・フォレンジック」に力点が置かれる。「問題発覚後の釈明」よりも、「問題発生当時の認識」を浮かび上がらせることが、問題の真因を特定することに役立つからだ。[*41]

2018年に不正融資が多数発覚したスルガ銀行の第三者委員会は、経営幹部の私用携帯を含む400万通超のメールなどを調べることに人手を割いた。不正の認識を示す「証拠」を得ることに注力し、事前通告なしに支店へ立ち入り、書類を押収することもあった。容疑者の言い分を丸呑みせず、証拠をもとに問題認識を浮かび上がらせ、しらを切る幹部を追及した。その結果、多くの経営幹部が損害賠償などの責任追及も受け、現場社員の処分は軽減もされた。[*42]

かんぽ問題で2019年末に公表された調査報告書には、「デジタル・フォレンジック調査」という項目のタイトルがあるものの、注釈に言葉の意味が書かれているだけで、実際に何をしたか、それが役に立ったかどうかは何も書かれていない。

それでも経営幹部が「(不正の）実態をよく把握できていなかった」と認め、それは担当部署が「実態把握につながる情報を活用せず、実態把握に資する十分な情報を報告しなかった」からだと論じている。[*43]「担当部署」が情報をなぜ活用しなかったのか、なぜ十分に報告しなかったのかは、明確にはなっていない。

伊藤は調査報告書を公表した際の記者会見で、「誰が数字を把握し、誰に報告して誰がどうしたというところは調査していない」「経営幹部の責任は、調査対象にもともとなっていない」と語っていた。[*44]

5・4　予定調和の幕引き

責任逃れのおかしな理屈

調査報告書の公表から3カ月後。特別調査委員会は2020年3月末に「追加報告書」も公表した。さすがに負い目を感じたのか、今度は経営陣の「問題認識」にも焦点を当てた。

ただ、この追加報告書は、立ち入り検査をした金融庁から2019年12月に突きつけられた非公表のレポートが下敷きになっているようだ。調査対象となった旧経営陣の一人もそう認めながら、こう評価した。[*45]

「金融庁は自分たちのストーリーができあがっていて、反論してもレポートはほとんど修正してくれなかった。特別調査委員会は我々の話もくみ取り、バランスのいい内容となっているので、よく読んでほしい」

前経営陣に受けのいい追加報告書では、かんぽ生命経営陣の〝認識〟はこう認定された。[*46]

不適正募集は、ごく少数の募集人が発生させた例外的な事案だと考えていた。乗り換え契約は、外形的に見て経済合理性の乏しい契約でも、書類に顧客の署名・押印があるため、顧客のニーズにもとづくもので、意向に沿う募集だと思っていた。顧客に不利益を生じさせる募集は、経済合理性に乏しかったとしても、それ自体は法令違反とはいえない。２０１９年６月以降の調査等で判明した質・量の不適正募集が発生していたとは想像していなかった。２０１８年１月から総合対策を実施し、その効果で不適正募集も減っていくと思っていた。

かんぽ社長の植平光彦の認識については、こう補足している。

自己の利益を図るために、顧客に不利益を生じさせる募集を行う郵便局員が相当数いるとは全く思っていなかった。

日本郵便の経営陣は、郵便局での窃盗や横領などの犯罪をなくすことへの関心が強く、保険販売の不正への関心は希薄だったとしている。社長の横山邦男の認識は、こう記した。

募集品質データの詳細は認識しておらず、保険募集の現場で相当数の不適正募集があるとは思わなかった。

日本郵政社長の長門正貢、上級副社長の鈴木康雄については〈不適正募集の実態を把握する機会がほとんどなかった〉としている。ただし、長門はかんぽと日本郵便、鈴木も日本郵便の取締役をそれぞれ兼務していたことは忘れてはならない。

日本郵政や日本郵便の首脳陣が「問題を把握していなかった」というのは、立場上はあり得る話だと理解できる。要は保険営業の実態や顧客からの苦情に興味などなかったのだ。

だが、かんぽ生命の経営陣と担当幹部や、日本郵便で保険営業を担う担当幹部の立場にいた面々の認識が、現場では周知となっていた不正の実態を「把握していなかった」という一言で済まされていいはずがない。

追加報告書に書かれた担当幹部の認識を子細に見ると、「正確な実態は把握していなかった」「調査で判明した質及び量の不適正募集は想像していなかった」との表現がめだつ。

特別調査委員長の伊藤鉄男は、記者会見でこう補足した。[*47]

「（経営層は）募集実態を完全に把握したものではなかったから、十分な対応が取れなかった。募集実態を知るには、相当な調査をしなくちゃいけない。営業をすべて停止して8カ月間、大調査をしてもまだ終わらないくらい、本当の意味で実態を知るとしたら、それくらい必要になる」

おかしな理屈に聞こえないだろうか。まるで長期に及ぶ調査の結果が前もって「完全に把握」できていなければ、それが十分な対応を打たないことの「免罪符」になると言っているようなものだ。この理屈に乗れば、未来を予想する特殊能力でもない限り、どんな経営陣も「実態を（完全には）把握していなかった」と言い逃れることができる。

そもそも今回のような不祥事で、不正が横行しているという「動かぬ証拠」が出てくることはめったにない。不正の横行を示す「兆候」がいくつも表れていたのに、早期に十分な対応が取られなかったことが最大の問題である。これは多くの企業不祥事にも通じることだ。

言うまでもないが、泥沼の不祥事から脱して企業の信頼を回復するには、①不祥事の事実関係を明らかにし、②不祥事をもたらした根本原因を解明し、③その原因を除去するための再発防止策を実行する、④①〜③のプロセスをステークホルダーにきちんと説明する、というステップを踏むことが必要だ。[*48]

日本郵政グループが国民を含むステークホルダーに説明すべきなのは、①いくつもあった「兆候」に対し、経営幹部や担当ラインの対応や言動がどのようなものだったのか、②兆候があってもおざなりの対応でやり過ごし、被害者を放置した言動の根本原因は何か、③その原因を取り除くためにどんな対策が必要となるのか、といったことだ。

特別調査委員会は不正の再発防止策として、保険勧誘の録音・録画や、新規契約に偏った評価体系の見直し、処分の徹底といった施策を提言した。委員長の伊藤は「対策を実行すればすべて解決する」と言い切ったが、なんとも心許ない。[*49]

ピントがずれたかんぽ問題の調査報告書には、レオパレス21問題の調査報告書と同様に、経営幹部たちへの調査や根本原因の究明が不十分との評価が当てはまる。

善管注意義務違反はなかったか

郵政経営陣にとっては、「実態を把握していなかった」と認めてもらわなければ、都合の悪い事情があった。

問題が表沙汰になる２カ月前の２０１９年４月、日本郵政がかんぽ株を売り払ったことだ。売り出し価格は１株２３７５円だったが、６月下旬の不祥事発覚を挟んで株価は8月に一時１４００円台と４割近くも値下がりし、かんぽ株を買った投資家は数カ月のうちに大きな損失を背負った。グループ経営陣の問題認識によっては「インサイダー」の疑いがかかる。

２０１９年７月末の記者会見で謝罪に転じた日本郵政社長の長門も、かんぽ株の売り出しに話が及ぶと、ヒートアップした。

「４月４日の株式の売り出し決定は、証券会社、法律事務所にすべての情報を提供し、判断してもらっている。持ち株会社の立場から言うと、４月４日時点ではまったくのシロ。６月27日に２万４千件（の調査対象）という異次元の数字が出てきて、これは大変だという認識を持った。６月のかんぽ生命と日本郵政の株主総会後の取締役会で本件は議論されていない。いい悪いとは別の問題だが、これは重大な問題だと意識されていないことの証明だ」

かんぽ生命社長の植平光彦も同じ場で、こう語った。

「６月27日に報道発表する直前に、お客さまに不利益を生じさせた可能性のある事案の件数が明らかになった。しっかり過去に遡及し、契約復元を含めた不利益解消に努めなければいけないと規模感も含めて重大と認識したのが、６月27日の公表直前のタイミングだ。４月時点では、そうした重大な認識を持っていたわけではない」

特別調査委員会は、金融商品取引法が専門の筑波大学教授の弥《や》永《なが》真《まさ》生《お》の見解を引き、上場企業が開示すべき「投資判断に著しい影響を及ぼすもの」にあたるかは、「確実性、重要性及び影響の大きさを総合考慮」して判断されるのが一般的と強調した。４月時点では、東京証券取引所の規程が開示を義務づける「行政処分」について、蓋然性が相当高いとの認識があったとは「認めがたい」とし、それを根拠に、乗り換え契約で浮上しつつあった問題を開示せず株を売ったことに問題はないとの評価を下した。[*50]

調査委員会の評価に対し、日本コーポレート・ガバナンス・ネットワーク理事長で作家でもある弁護士の牛島信《しん》は取材に対し、こう語った。[*51]

「かんぽ経営陣が問題を開示しなかった点について責任を問うのは難しいとしても、金融庁の指摘の数々を社外取締役に伝えていれば、別の道を歩んだのではないか。社外取締役は『リスク』を知れば放置できないから、株の売り出しも止められたかもしれない。金融庁の指摘は２０１８年11月に始まり、２０１９年３月にかけてどんどん強まった。そうした情報を社外取締役に伝えていなかったのなら、情報提供を怠った責任は重く、社内取締役が善管注意義務に反した可能性はないのかと問いたい。金融庁の指摘を郵政経営陣が『重大ではない』と思ったとしても、そういう『常識』が世間で通用するのかをチェックするために社外取締役制度はあるのだから」

郵政３社に確認すると、金融庁から２０１８年11月以降に受けた指摘について、２０１９年４月の株売り出しまでに各社外取締役には伝えていなかったという。[*52]

郵政首脳がすがりつくストーリー

郵政グループ首脳陣の一人は２０１９年夏以降、周囲にたびたび語っていた。[*53]

「これは金融庁の遺恨試合。ゆうちょ銀行の限度額拡大への逆恨みだ」

ゆうちょ銀行は２０１９年春、銀行業界の反対を押し切る形で、貯金の限度額を引き上げた。銀行業界の肩を持つ金融庁が、その逆恨みでかんぽ問題を追及した――という陰謀論めいたストーリーを本気で信じ込んでいるようだった。マスコミが金融庁の片棒を担いでかんぽ問題を追及している、という趣旨のことまで語ることがあった。正気の沙汰とは、とても思えない。

２０２０年2月にあった特別調査委員会によるヒアリングでも同様の主張を唱えた元幹部がいたが、さすがに追加報告書にもそこまでは書かれなかった。前出の通り、金融庁がかんぽ問題の追及に動いたのは、現場のベテラン担当者の経験と熱意によって突き動かされたというのが真相とみられる。

かんぽ元幹部の一人は問題発覚後、こんな恨み節を私に語っていた。[*54]

「金融庁の検査や処分がなくても、総合対策で募集品質は改善できていたはずだ」

彼らの主張をたどれば、ある場面では「重大な問題とは認識していなかった」「ここまでひどい状況とは想像もしなかった」となり、別の文脈では「しっかりと対策を講じていた」「問題があると認識し、重要な経営課題に掲げていた」とアピールもする。実態を把握できていなかったのに、既存の対策で問題が改善できたはずだという奇天烈な主張は、その場しのぎの言い訳を幾重にもつなぎ合わせたなれの果てだ。問題の本質を、まだ正視できていないようだ。

それならば、ＮＨＫ番組が報じたたった一人の被害者をなぜ助けようとしなかったのか。私がそう尋ねると、元幹部は「申し訳ないけど、覚えていない。何か理由はあったと思うけど」と口を濁すだけだった。

彼らが被害者を助けなかった本当の理由を、私は知っている。顧客と向き合って被害を回復するよりも、もっと優先すべきものがほかにあったのだ。次章で詳しく見ていく。

＊1 特別調査委員会「調査報告書」51ページ
＊2 同「追加報告書」59ページ
＊3 同「追加報告書」61ページ
＊4 同「追加報告書」64、65ページ
＊5 同「追加報告書」66ページ
＊6 同「追加報告書」81ページ
＊7 金融庁幹部とかんぽ生命保険幹部への２０２０年3～6月筆者取材
＊8 特別調査委員会「追加報告書」68ページ
＊9 信越地方の郵便局員への２０１９年8月下旬筆者取材
＊10 特別調査委員会「追加報告書」69ページ
＊11 同「調査報告書」51、52ページ
＊12 かんぽ生命保険広報部２０２０年1月30日取材回答、総務省郵政行政部２０１９年12月27日記者レク
＊13 かんぽ生命常務加藤進康２０１８年5月31日参院総務委員会、鈴木康雄２０１９年11月7日参院総務委員会
＊14 田尻嗣夫２０２０年12月4日筆者取材
＊15 特別調査委員会「追加報告書」75、76ページ
＊16 日本郵政２０１８年5月15日「日本郵政グループ中期経営計画２０２０」

＊17 特別調査委員会「追加報告書」77、78ページ
＊18 郵政民営化委員会２０１８年5月24日議事録
＊19 かんぽ生命保険広報部２０２０年7月20日取材回答
＊20 日本郵便調査・広報部２０２０年7月22日取材回答
＊21 日本郵政広報部２０２０年7月22日取材回答
＊22 かんぽ生命保険「募集品質・全国カルテ」(内部資料)
＊23 特別調査委員会「追加報告書」71ページ
＊24 同「追加報告書」74ページ
＊25 金融庁幹部への２０２０年6月22日筆者取材など
＊26 特別調査委員会「追加報告書」87ページ
＊27 同「追加報告書」88、90ページ
＊28 同「追加報告書」91、98ページ
＊29 同「追加報告書」91ページ
＊30 同「追加報告書」１０７ページ
＊31 同「追加報告書」94ページ
＊32 同「追加報告書」95ページ
＊33 同「追加報告書」98、99ページ
＊34 同「追加報告書」１００〜１０２ページ
＊35 かんぽ生命保険２０１９年6月27日「保障の見直し時等におけるお客さま本意の業務運営のさらなる向上について」
＊36 特別調査委員会「調査報告書」76ページ
＊37 第三者委員会報告書格付け委員会ホームページ２０１９年6月21日更新分

＊38　特別調査委員会関係者への２０１９年12月20日筆者取材
＊39　特別調査委員会「調査報告書」１２８ページ
＊40　同「調査報告書」１４７ページ
＊41　朝日新聞２０２０年１月28日付朝刊
＊42　スルガ銀行株式会社第三者委員会２０１８年９月７日「調査報告書（公表版）」
＊43　特別調査委員会「追加報告書」１ページ
＊44　伊藤鉄男２０１９年12月18日記者会見
＊45　郵政旧経営陣の一人への２０２０年６月23日筆者取材
＊46　特別調査委員会「追加報告書」１１１ページ
＊47　伊藤鉄男２０２０年３月26日記者会見
＊48　國廣正『企業不祥事を防ぐ』２３７ページ
＊49　伊藤鉄男２０１９年12月18日記者会見
＊50　特別調査委員会「追加報告書」１０８～１１０ページ
＊51　牛島信２０２０年６月25日筆者取材
＊52　かんぽ生命保険２０２０年７月20日、日本郵政同月22日、日本郵便同月22日各社取材回答
＊53　郵政グループ首脳陣の一人への２０２０年12月17日筆者取材など
＊54　元郵政グループ首脳陣の一人への２０２０年６月23日筆者取材

第6章

歪み——官邸支配の構図

腐敗の進行が加速していく巨大組織で、首脳の人事権という圧倒的な権力を長く握りしめていたのは、のちに首相となる菅義偉《すがよしひで》だった。

２０１２年末に発足した第二次安倍政権で官房長官の座に就き、菅による郵政への支配力は盤石となった。選挙で高い集票力を誇る全国郵便局長会との復縁を果たし、目にかける元総務事務次官を組織の中枢に据えた。菅の肝いりで編成された郵政経営陣は東証への上場を果たすが、失策続きで国民の財産を食いつぶし、不正が蔓延する事態も引き起こした。

「郵政のドン」と呼ばれた元総務次官は、影の最高権力者として6年半にわたって君臨する。グループ幹部の人事を牛耳り、菅や郵便局長会とのパイプも背景ににらみをきかせ、「忖度」が最優先される組織を築き上げた。

現職の総務次官が機微な情報を漏洩していた事件が表沙汰になっても、事後処理はまたしても中途半端に終わった。組織の改革よりも、もっと優先するものがあるからだ。その正体に迫る。

6・1　〝郵政のドン〟と菅義偉

情報漏洩で「差し違える覚悟」

２０１９年12月17日午後、東京・霞が関の合同庁舎にある総務省大臣室。総務大臣の高市早苗が事務次官の鈴木茂樹《しげき》を呼び出し、官房長の原邦彰《くにあき》とともに事情聴取を始めた。大臣の日程やかんぽ生命の不正に関する行政処分の検討状況を漏らしたのではないか。そう問われた鈴木は、処分対象である日本郵政の上級副社長で元総務次官の鈴木康雄に対し、電話などで情報を伝えていたことをあっさり認め、「申し訳ない」と繰り返した。

任意提出された私有携帯からは、高市の発言などを12月13〜16日に送っていたショートメールが見つかった。[*1] これが事務方トップによる「情報漏洩」の決定的証拠となった。

高市が端緒をつかんだのは12月13日。高市の言動を含む事務次官のメッセージを鈴木康雄が社内でひけらかしていた、という情報が関係者から寄せられたという。[*2]

証拠も自白も得た高市は18日、内閣人事局長の任を負う内閣官房副長官の杉田和博《かずひろ》と調整し、19日夕には官邸で首相の安倍晋三《しんぞう》に報告。この時点で鈴木茂樹の懲戒処分と更迭が固まった。停職3カ月の処分が決裁されて鈴木茂樹が辞表を提出、後任人事が持ち回り閣議で承認されたのは翌20日のことだ。

かんぽの不正問題が２０１９年6月下旬に表面化し、金融庁は9月から立ち入り検査を実施。年末には金融庁がかんぽや日本郵便に行政処分を下し、総務省も歩調を合わせて日本郵政と日本郵便に処分を出した。情報漏洩はそうした処分が迫るなかで行われていた。

次官更迭から1週間後の12月27日。日本郵政社長の長門正貢は自身を含むグループ3社長の退任とあわせ、上級副社長の鈴木康雄も情報漏洩問題を理由に退任すると発表した。

ただ、長門は鈴木康雄について「そんなひどいことはしていない」「しょっちゅう経営会議で会うが、『次官がこんなことを言った』という会話はただの一度も聞いていない」とかばってみせた。漏洩問題で一度は外部弁護士による調査を決めたが、鈴木が辞職を申し出たために調査を取りやめた、とも説明した。報道陣から「辞職したから調査しないのはおかしいのでは」との声が相次ぐと、長門はムキになって言い返した。[*3]

「総務省は次官がやめ、私どもも鈴木副社長がやめた。そういう意味ではイーブンだ」

のちに高市も、当時の心境をこう振り返った。[*4]

「こっちは次官のクビを差し出した。郵政グループで情報を得た人をそのまま置くなら、刺し違えるという覚悟。やはりおかしいと思いました」

現職の総務次官と「イーブン」な立場で、総務大臣に「刺し違える覚悟」まで抱かせるのは、鈴木康雄がのちに首相となる官房長官、菅義偉の意を受けた〝郵政のドン〟と呼ばれていたからだ。

「官房長官の代理人」

第二次安倍政権の発足から半年後の２０１３年5月22日、日本郵政は取締役人事の候補者を発表した。18人中17人の取締役を退かせ、社長に財界重鎮の西室泰三《たいぞう》、副社長に元総務次官の鈴木康雄を迎える内容だった。

この少しあと、日本郵政グループ内の幹部の間には、二つの情報が駆け巡った。[*5]

一つは、全国郵便局長会の幹部が周囲に語ったとされる内容だ。

「菅官房長官は、鈴木康雄を中心にした運営を考えている」

「菅官房長官が高橋亨《とおる》を呼び出し、『郵便局のことをきちんと聞いて運営しないとダメだ』

と言ってくれた」

高橋亨はそれまで日本郵政副社長として郵便局長会や労働組合との交渉役を務め、2013年6月末に日本郵便社長に就く。

郵便局長会幹部の言葉からは、官房長官だった菅義偉との接近を背景に、郵便局長会が社内で影響力を強めていこうという意欲がにじむ。元郵便局長会長が自民党候補として出馬する参院選が間近に迫るころでもあった。

もう一つの情報は、日本郵政内で共有されていた情報の一部だ。

「5月下旬に西室、鈴木、高橋による3者会談があった。その場で鈴木さんから『高橋さんより年次の高い人は全員やめてもらう』という話があった」

「人事は鈴木さんに一任され、高橋さんも関与はできなくなった」

鈴木と高橋に手紙で取材を申し込んだが、返事は得られなかった。

3者会談の真偽ははっきりしないが、実際に高橋より年次が上の旧郵政キャリアらはその後、全員が郵政本体を去っている。そして、鈴木康雄と郵便局長会には決して逆らってはいけないという認識が、郵政グループ内で浸透していく。

当時、これらの情報に接していた郵政関係者の一人は、こう語っていた。[*6]

「鈴木康雄がなぜ『ドン』と呼ばれるようになったのか。それはみんなが彼のことを『官房長官の代理人』と認識していたからです」

出世の階段と冷や飯

山梨県出身の鈴木康雄は、東北大を卒業して１９７３年に旧郵政省に入る。米国など複数の日本大使館勤務を経験し、旧郵政省では大臣官房総務課長、秘書課長といった管理畑のポストを渡り歩いた印象が強い。郵政改革が決まった２００５年には、総務省郵政行政局長も務めた。

国家公務員倫理法等違反で２００５年６月に懲戒戒告処分を受けたこともある。電気通信事業部長だった２００１年ごろ、利害関係者であるＮＴＴコミュニケーションズ幹部から８０００円相当の飲食のもてなしを受けたほか、別の機会に10枚前後のタクシーチケットを受け取っていたとされるが、それが出世の妨げとなることはなかった。[*7]

２００６年に放送分野などを受け持つ情報通信行政局長となり、第一次安倍政権のもとで総務大臣となった菅義偉に仕えた。菅はＮＨＫに受信料の値下げを迫るなど放送行政に力を入れ、意に沿わない担当課長を更迭するという人事も敢行した。菅が飛ばした課長の上司だった鈴木康雄はＮＨＫ対応などを通じて、菅との仲を深めたとみられる。

２００９年７月に旧郵政出身者として７年ぶりの次官となったが、自民党政権はすでに末期状態。次官就任の直後に民主党政権が誕生し、総務大臣となった原口一博《かずひろ》によって２０１０年１月、わずか半年で退任させられた。原口は内閣官房郵政改革推進室長のポストを用意したが、郵政民営化に反対する郵政担当大臣の亀井静香《しずか》に拒否され、総務省顧問という閑職に収まった[*8]。

冷や飯を食わされた鈴木の復権は、民主党政権の自滅を待つことになる。

集票マシーンへの配慮

菅義偉は、２００５年８月の郵政選挙を経て発足した第三次小泉改造内閣で、旧郵政省を所管する総務副大臣に抜擢された。翌２００６年９月発足の第一次安倍政権で、竹中平蔵《へいぞう》の後を継いで総務大臣となる。

郵政民営化関連法は２００５年10月に可決・成立し、日本郵政公社は２００７年10月に４

事業会社に分社化することが決まった。

菅は総務大臣に就いたころから、郵政民営化を推進する姿勢は保ちつつも、小泉政権とは異なり、集票マシーンとして働く全国特定郵便局長会（全特、現・全国郵便局長会）への配慮を示し、融和路線を敷いた。[9]

首相になった安倍晋三も政権発足の直後から、民営化に反対して除名や離党勧告処分となった郵政族議員を、党内の反対も押し切って続々と復党させた。これが、局長会の支持を受ける「抵抗勢力」が息を吹き返す足がかりとなる。

日本郵政公社総裁の生田正治《まさはる》が立案した特定郵便局の改革案は、菅の総務大臣就任後に泡となって消えた。２００６年１月公表の改革案では、定年が長く転勤も免除される特定郵便局長の優遇策をなくし、局舎も効率化に向けて買い上げる方針だった。普通郵便局とは異なる人事や指揮命令系統も一本化して「普通の企業」に変えようとした。[10]

ところが、難航する交渉が民営化後の持ち株会社となる日本郵政株式会社に引き継がれた途端、改革案は骨抜きになっていく。「特定郵便局長制度」をなくす方針は維持されたが、地域・地区グループを束ねる組織をつくることも明記された。[11]従前の組織が名前を変えて残ることになり、生田も「郵政維新のために廃藩置県的な改革を目指したのに、（新たな改革案は）藩政に戻ったように見える」との不満をこぼしたほどだ。[12]

翌２００７年３月には生田を退任させ、三井住友銀行元頭取で日本郵政社長となっていた西川善文に公社総裁も兼任させる人事を、菅が自ら決めた。[13] 特定郵便局の改革に意気込む生田を追い出し、局長会の顔を立てたようにも映る。

西川善文の狙いと挫折

元大物バンカーとして民間郵政のトップを任された西川善文の主眼は、郵政グループを「稼げる金融機関」に鍛え上げ、大きな目標である上場を果たすことにあった。

西川は２００６年１月に準備会社である日本郵政の社長に就くと、郵便貯金で１人１０００万円に制限されていた預入限度額の撤廃を求める考えを表明。[14] 翌年４月には「（郵便貯金や簡易保険などの）金融サービスを強くするには、特定郵便局の力を最大限発揮する必要がある」と話すなど、特定郵便局を営業力として活用する姿勢も鮮明にした。[15] 西川には、規制の緩和に向けて局長会の政治力に期待していた節もある。

日本郵政グループが正式に誕生したのは２００７年10月１日。１３６年に及ぶ「官業」の歴史に幕を下ろし、持ち株会社・日本郵政のもとで郵便と郵便局、郵便貯金、簡易保険の4事業会社に再編された。

西川はスルガ銀行と提携した住宅ローン販売、自前のクレジットカードや変額年金保険といった新規業務を矢継ぎ早に打ち出した。日本通運との宅配便事業の統合を決め、2007年末には赤字が続く「かんぽの宿」のオリックス不動産への一括売却をトップダウンで決めた。上場に向けた布石でもあった。

ただ、古巣の三井住友銀行から引っ張った側近を経営中枢に招き入れて重用する一方、旧郵政公社幹部を子会社へ遠ざけたことなどがグループの士気低下を招く。

2009年初めには麻生政権で総務大臣となった鳩山邦《くに》夫《お》から、かんぽの宿の売却を「たたき売り」と批判され、公社時代に資産を格安で売り飛ばした事例も相次ぎ判明した。鳩山は東京中央郵便局の建て替えや日本通運との事業統合にも口を挟み、郵便割引制度の悪用で幹部が逮捕されるなどの不祥事も噴出。総務省から業務改善命令を受け、野党に刑事告発される騒動にも発展した。

西川の辞任を要求して譲らない鳩山は更迭されたが、西川の続投は世論には支持されなかった。麻生政権の支持率は2割を下回り、自民党は2009年夏の総選挙で歴史的な敗北を喫した。
　西川が目指した金融サービスの拡大・強化路線は、修正を迫られることとなる。

政治の迷走と新たなノルマ

　鳩山由紀夫《ゆきお》率いる民主党政権が発足したのは２００９年9月16日。全国郵便局長会が支援する国民新党への配慮から、民主、社民、国民新の3党連立合意書には「郵政民営化の見直し」が盛り込まれた。鳩山政権の郵政改革担当相には、民営化に反対して自民党を除名された国民新党代表の亀井静香が就任。総務相になった原口一博とともに、郵政経営陣の刷新を唱えた。

　約1カ月後の10月20日、鳩山政権は郵政民営化見直しの「基本方針」を閣議決定した。郵便局が郵便、郵便貯金、簡易生命保険のサービスを一体的に提供することを確認し、ユニバーサル・サービスの義務を郵便だけでなく、郵便貯金と簡易保険でも負わせる検討をする、という内容だ。小泉政権で成立した郵政民営化法を廃止し、貯金と生命保険を銀行法や保険業法の規制から外し、別ルールを適用することも盛り込まれた。同じ日に日本郵政社長の西川善文は辞任表明した。

鳩山政権は西川の後任に、「最後の大物次官」と呼ばれた73歳の元大蔵事務次官、斎藤次《じ》郎《ろう》を起用し、副社長にも旧大蔵省ＯＢや元郵政事業庁長官をあてた。公約に掲げた「脱官僚」とは真逆の人事で、小泉改革の「官から民へ」を「民から官へ」にひっくり返した。日本郵政の取締役会や指名委員会も無視し、亀井が人事を主導。企業統治を高めるはずの「委員会設置会社」も名ばかりだった。

２００９年秋の臨時国会で、日本郵政など3社の株式売却凍結法が成立した。「別途、法律で定める日」まで株の売却を禁じるものだが、禁じる目的は明確にしなかった。組織や事業の具体像もなく、郵政をどう変えていくかも示されていない。

２０１０年春に国会提出された郵政改革法案は、別会社だった郵便事業と郵便局を持ち株会社に集約する一方、２０１７年までに全株を売る計画だった金融2社の「完全民営化」路線を捨て、政府出資の親会社が株式の3分の1超を持ち続けることにした。全国一律のサービス提供義務を金融2事業にも広げ、ゆうちょ銀行の預入限度額やかんぽの加入限度額を引き上げる内容だったが、同年6月に首相が交代して廃案となり、その後はしばらくたなざらしとなる。

２０１１年3月の東日本大震災で財政状態が厳しくなると、今度は日本郵政株の売却収入を復興費用のあてにするようになる。翌２０１２年に野田政権が自民・公明の要求をのみ、金融2社は改めて「全株処分」とする一方、全株処分は義務ではなく「目指す」という努力規定に変えた。日本郵政の保有割合が50％未満になれば、金融2社が新規事業を始めやすくなる規定も加え、郵政民営化見直し法案は民主、自民、公明3党の共同提出で２０１２年４月に成立した。このとき菅義偉は「民営化に逆行する」として採決で反対に回った。

２０１２年10月、郵便事業会社と郵便局会社が統合し、「日本郵便」が日本郵政の１００％子会社として再スタートする。２０１５年秋に上場する計画案もとりまとめられ、数兆円規模の売却益を政府が得る算段もついた。

郵政側から見れば、政治に振り回されて年月を浪費させられた揚げ句、株を売って復興財源も確保するという新たな「ノルマ」を背負わされただけだ。

菅が主導した経営陣の全面交代

第二次安倍政権が発足した3日後の２０１２年12月19日。日本郵政は臨時の取締役会を開き、社長の斎藤次郎が退任し、翌20日付で副社長の坂《さか》篤郎《あつお》を後任に昇格させる人事を決めた。民主党政権に指名された斎藤に比べれば、同じ大蔵ＯＢでも第一次安倍政権で官房副長官補を務めた坂のほうが逆風をしのぎやすいと考えたのだろうが、タイミングとセンスの悪さが光っている。

小手先の人事は自民党の反発と顰蹙《ひんしゅく》を買い、官房長官に内定していた菅義偉も「財務省出身者によるたらい回し人事をした。官僚が自分たちの権益を守るような人事は許せない」とかみついた。[*16] 菅は官房長官就任後の２０１３年２月の記者会見でも「政治家は自分の発言に責任を持つべきだ」と述べ、郵政人事を刷新する流れをつくった。

日本郵政は２０１３年5月22日の取締役会で、半年前に全会一致で選んだ社長をわずか半年で退任させ、代わりに財界重鎮の元東芝会長、77歳だった西室泰三を迎える人事を決めた。

菅は西室の社長起用が報じられた5月10日の記者会見で「民間の方を社長にするべきだろうというのが一貫した内閣の考え方だ」「企業のトップとして経験豊かな方に社長になってもらうのがふさわしい」と語った。安倍のお墨付きも得て、郵政経営陣の刷新は菅が主導したという。[*17]

18人いた取締役が1人をのぞいてすべて退任する「全面交代」で、社外取締役は元トヨタ自動車会長の奥田碩《ひろし》や元三菱重工会長の西岡喬《たかし》を含む13人全員が退いた。政権にクビを切られた格好に映るが、郵政ＯＢの間には「取締役会で決めた社長人事を政治の都合で反故にされ、怒った奥田に全員がついていった」との証言もある。[*18]

新体制は２０１３年６月に発足した。元キヤノン社長で経団連会長も務めた御手洗冨士夫《みたらいふじお》らを社外取締役に迎えたが、社外取締役は７人にほぼ半減した。

このときの人事で、社内取締役の副社長に就いたのが、元総務次官の鈴木康雄だ。

自民党との関係修復

全国郵便局長会は、自民党政権との関係修復を一気に進めた。政権交代から８カ月後の参院選には、前年まで局長会の会長だった柘植芳文《つげよしふみ》が自民党公認候補として出馬する。局長会は蜜月だった自民党と２００５年の小泉解散で袂を分かち、民営化に反対する議員の支援に総力を挙げた。自民党を除名になった亀井静香率いる国民新党を支持し、民主党政権誕生にも貢献。２０１２年の衆院選でも多くの郵便局長が民主党支援に走っていた。

政権交代翌月の２０１３年１月にあった局長会の顧問会議では、「次の参院選では候補を擁立しない」との方針で決着したとされる。顧問会議は数人の局長会会長ＯＢと現役の局長会幹部で構成し、柘植もメンバーだった。「選挙は休むべきではない」との声も出たが、衆院選から１年もたたないうちに自民に乗り換えられないとの意見が優勢だったという。[*19]

柘植は２００９〜２０１２年に局長会会長を務め、民営化後では初となる定年延長もしながら、２０１２年の郵政見直し法成立に尽力した実績が買われた。一方で、民主党などの支援にカジを切った当事者が自民党公認候補となることへの慎重論も根強かった。

安倍政権にとっては、全国比例で数十万票の上積みを見込める集票力は大きな魅力だった。実際、一部の反対を押し切って参院選に出た柘植は42万票を集め、自民公認の比例代表としてトップ当選を果たす。２０１６年の参院選で元郵政キャリア官僚の徳茂が52万票、２０１９年の柘植の再選では60万票を獲得し、圧倒的な強さを見せつけている。

郵便局長の選挙運動

郵便局長の選挙の強さは、徹底した上意下達の指揮系統に支えられている。

彼らの選挙運動は名簿づくりを主体とする「事前準備」と、選挙期間中に投票を呼びかける「本番」に大きく分かれる。[*20] 注力するのは３年に１度の参院選で、全国郵便局長会の指名候補の得票を少しでも上積みすること。かつては公務員として選挙活動を禁じられ、ＯＢや婦人部を「表」の組織として稼働させたが、民営化によって今は、業務時間外なら堂々と選挙運動にのめり込める。

選挙の１年以上前から始めるのが、支持者の名簿づくり。局長ひとりに数十人規模のノルマが割り当てられ、知人や親戚らに名前と住所、電話番号を書かせた支持者カードを集めていく。

郵便局長になって日が浅いうちは、カード集めも一苦労だ。地域の活動にせっせと顔を出し、日ごろの付き合いに熱を入れるのは、「まさしく選挙で協力してもらうためだ」と明かす局長もいた。同じ場所で長く局長を務めていれば、顔なじみが増え、ノルマもこなしやすくなる。転勤なんかしないほうが、選挙のためには都合がいい。ただ、本当に名前を貸すだけの協力者も多いため、「カードの枚数は当てにならない」との声もある。

選挙本番になると、電話線が何本も引かれた会議室に「作戦本部」が立ち上がる。事前につくった名簿をもとに、婦人部も動員する「電話」部隊と、局長が一軒ずつ訪ねて回る「訪問」部隊に分かれ、支持者に投票を呼びかけていく。

一つの投票エリアに郵便局が一つしかない田舎では、公表される得票数がそのまま郵便局長の〝評価〟に直結する。一方、都市部ではどの局長がどれだけ頑張っているのかがわかりにくい。そこで最近は、自治体の選挙管理委員会が交付する期日前投票の「投票済み証明書」を局長たちに集めさせ、数を競わせる地域が増えているようだ。

首都圏のある旧特定郵便局員がこう話す。[*21]

「選挙が近づくと、局長がやたらと窓口に顔を見せ、顔なじみが来れば期日前投票の証明書をもらってくれるよう頼み込んでいる。なかには足の悪いおばあちゃんたちを、せっせと自分の車で期日前投票所まで連れていく局長もいる」

一部の郵便局長からは、局長会の活動に無理やり参加させられ、辟易しているとの声も聞かれる。一方で、局長会を「郵便局長の労働組合」としてとらえ、選挙も含めて肯定する声が多いのも事実。九州地方の役員経験者は、こう語った。[*22]

「議員は局長会の利益を代弁する。票があるから我々は議員に強く、議員は会社や旧郵政キャリアに強い。議員がいなければ、局長会の力が弱くなり、会社のいいように骨抜きにされる」

集票マシーンとして圧倒的な実力を誇示する傍ら、局長会幹部は官邸とその意を受けた

〝ドン〟とのパイプも背景に、会社上層部への浸食も進めた。2014年から局長会の会長を務めた大澤誠《まこと》は、2016年に日本郵便専務へと転じ、副社長にも昇格した。不正販売が大量に判明する保険営業の推進を各地で鼓舞していたとの証言も多い[*23]。日本郵便の支社長も一時は13人中4人を旧特定郵便局長が占めるようになった。

ただし、局長会の幹部が局長を辞めて会社幹部へと転じていくことには、眉をひそめる古株も少なくなかった。のちに局長会は、役員が退任後に会社の役員に就任しない方針を申し合わせた。2019年に局長会の会長を務めた山本利郎《としろう》は退任後のインタビューで、こう語っている[*24]。

「役員になったら威張る人がいる、後輩や部下には偉そうな態度をするが、上の人には手のひらを返したように媚びへつらうとか、そういう組織になってはいけない。全特（全国郵便局長会）会長が支社長や会社の役員になったり、政治家になると後輩がものを言えなくなる。政治家や会社役員になるために、全特の役員を目指す会員が出ると組織は弱体化する。役員だけが会社に入って高い給料をもらっていては、何だとの声も出る」

6・2　経営者失格

株価の凋落

西室泰三や鈴木康雄らによる日本郵政グループの経営は、失策続きとなった。

２０１３年７月に日本がＴＰＰ（環太平洋経済連携協定）交渉に入る際、米国から政府資本の生保が不公正だと牽制されると、安倍政権はかんぽの新商品を認めない方針に転換。アフラック（アメリカンファミリー生命保険）のがん保険を全国の郵便局で売る提携も迫られ、郵政グループは第三分野の新商品開発を断念せざるを得なくなった。このときも郵政経営は政府の都合で翻弄《ほんろう》されている。

同年10月には、高齢者の暮らしぶりや健康状態を確認して家族に伝える「郵便局のみまもりサービス」が始まった。郵便局員が高齢者宅を訪ねて報告書を作成するものだが、６年が経過しても利用者は２万人台。郵便局員が自ら契約する「自爆営業」も多いわりに、売り上げは年１億円にも届いていない[*25]。

２０１５年に約６２００億円をつぎ込んだオーストラリアの物流大手トール・ホールディングスの買収は、世界50カ国以上の拠点が海外物流への本格参入の足がかりになる、という触れ込みだった。だが、実際には売り上げや利益の大半を豪州に依存していて、わずか２年後の決算で約４０００億円の損失計上を招いた。トール社の買収は日本郵政が取締役会で一度も議論せずに承認し、経営会議には事後報告だったことも判明している。[*26]

唯一の成果は、２０１５年11月４日に株式上場を果たしたことくらいだ。政府が全株を持つ日本郵政と、その傘下のゆうちょ銀行とかんぽ生命保険の計３社が、東証一部に新規上場する「親子３社上場」。初値は日本郵政が１６３１円、ゆうちょ銀行は１６８０円、かんぽ生命は２９２９円で、いずれも売り出し価格を上回ったが、この頃が株価のピークだった。

郵政３社は知名度と高めの配当で個人投資家の人気を一時的に集めた。だが、目玉の施策がどれも派手に失敗し、収益は縮小、株価は下落の一途をたどる。

日本郵政は２０１５年の上場時から３～５年で金融２社の保有割合を50％以下にする方針を掲げたが、実現しなかった。

浮かんでは消えた進退

80歳となった西室泰三が体調不良で社長の座を降りた2016年春以降は、民間の金融出身者が郵政首脳陣を占めた。

西室の後任は、前年5月からゆうちょ銀行社長となっていた日本興業銀行（現みずほ銀行）出身の長門正貢が就き、長門の後は横浜銀行出身の池田憲人が引き継いだ。2人の人事は菅義偉の助言役だった金融庁長官、森信親《のぶちか》が関与したとされる[*27]。

日本郵便の社長には、三井住友銀行出身で西川善文の「側近4人組」の一人だった横山邦男が就いた。横山も森と親しい間柄で、副社長の鈴木康雄が猛反対したものの、官邸が押し切った人事だった。この頃は郵政の首脳人事や施策の主導権をめぐり、鈴木康雄と金融庁長官の森が対立しているとの雑誌記事がよく出ていた[*28]。

菅義偉には、「郵政社長は民間出身」という従来からのこだわりがあった。それに加えて、森が推す金融出身の経営者によって失策続きの郵政経営を立て直し、上場企業としての業績も軌道にのせたいという意図があったと考えられる。

だが、首脳陣の顔ぶれが変わっただけで、表向きは〝補佐役〟の鈴木康雄が圧倒的な実権を握る構図に変わりはなかった。

２０１５年６月に代表取締役上級副社長となった鈴木は、後進の総務次官ＯＢにポストを譲る話が何度か浮かんだものの、そのたびにうやむやとなって消えた。総務省や郵政のＯＢの間では、菅が鈴木を頼っていたという見方も、鈴木が菅との近さを利用してそう誘導していたという見方も、どちらもある。[*29]

郵政グループ内の幹部人事は、鈴木が握って放さなかった。日本郵政社長となった長門正貢でさえ、周囲に「（グループの）人事権者は私じゃない」「ぜんぶ（鈴木康雄に）任せている」と無邪気に明かしていた。[*30]

日本郵政グループ幹部のひとりは、ここ数年の本社の雰囲気をこう解説する。[*31]

「ウチの人事を握るのは、官邸の威を借りた鈴木副社長と、経営陣に強い影響力を持つ全国郵便局長会。彼らには誰も逆らえないし、『怒られないこと』が最優先となり、顔色をうかがって最高レベルの忖度を働かせた。問題があってもないかのように振る舞い、そういう姿勢が忖度を通じて下へ下へと伝わっていく」

菅義偉も鈴木康雄との関係について、「私の議員会館の部屋には、たまに来ていた。（会っていたのは）年に数回、記憶的にはそんな程度」と説明していた。[*32]

別の日本郵政グループ幹部は、鈴木康雄についてこう評した。[*33]

「副社長になったばかりのころは、まだ聞く耳を持っていた。部下の提案に対して『やってみろ』と言うこともあったしね。ただ、在任が長くなるにつれて独裁色が強まっていった感は否めない。異を唱える人が煙たくなり、イエスマンばかり登用する傾向はあった。そうなると、誰も意見を言わなくなっちゃうよね」

とはいえ、モノを言えぬ組織を築いたのは、鈴木康雄だけの問題ではないと、旧キャリア官僚の幹部が続ける。

「鈴木さんが牛耳ったのはキャリア人事だけ。ノンキャリ人事はノンキャリ自身がちゃんと握っている。確かにグループ内は『ごますり』ばかりで、会社の未来を真剣に考える幹部は少なくなった。理由はノンキャリのほうがごますりを出世させているからだと思うよ」

6・3　菅の責任

「改革派」増田寛也の起用

鈴木康雄の退任は、かんぽ不正問題による郵政3社長の引責辞任とあわせて発表された。3人の民間金融出身トップと、日本郵便会長の高橋亨とともに、鈴木は２０２０年１月５日付で郵政グループを去った。

２０２０年１月６日付で発足した新体制は、日本郵政社長に元総務相の増田寛也が就き、日本郵便とかんぽ生命の後任社長には、ともに旧郵政官僚のグループ幹部が内部昇格する布陣となった。

旧建設官僚の増田は新進党時代の小沢一郎に引き上げられ、１９９５年に43歳で岩手県知事選に出馬して当選。2期目からは反小沢に転じ、3期12年に及ぶ知事時代は「改革派」として鳴らした。

知事を退任して4カ月後の２００７年８月、第一次安倍政権のもとで菅義偉の後を継いで総務相に就いた。第二次安倍政権発足後の２０１３年７月からは、郵政民営化委員長を３年余り務めた。２０１６年７月の東京都知事選に自民党推薦候補として出馬し、小池百合子《ゆりこ》に惨敗している。

日本郵政トップに安倍政権の「身内」とも言える増田をあてる人事を主導したのは、郵政グループの取締役や指名委員会ではなく、総務大臣や総務省でもなく、またもや官房長官の菅だった。[*34] ただ今回は、不正にまみれたグループの立て直し役を引き受けてくれる有能な民間経営者が見つからない、という事情もあった。

削除されたショートメール

日本郵政社長に就任した増田寛也は、総務事務次官の情報漏洩について、第三者の弁護士による調査を指示した。総務大臣の高市早苗から「日本郵政グループにおいて事実関係を明らかにすべきだ」と求められたためだが、菅に選ばれた増田が鈴木康雄に刃を向けられるはずもなかった。

日本郵政が２０２０年５月に公表した弁護士の調査結果は、一言で言えば、鈴木康雄が何も求めていないのに、現職の総務事務次官がほとんど価値もないような情報を勝手に持ち寄ってきた、というストーリーでつくられていた。[*35]

弁護士の三浦亮《りょう》太《た》が４カ月かけて作成した報告書は、Ａ４判でたったの８ページ。鈴木康雄が使っていた社有メールの内容などを分析したというが、期間は情報漏洩があった２０１９年12月の１カ月間に絞られた。鈴木康雄や長門正貢ら退職者を含む計11人の現旧経営幹部にヒアリングしたが、身内ではない総務省や前次官には事情を聞こうともしなかった。

総務省の発表で漏洩したと認定された情報は、郵政経営陣の責任の取り方に関する総務大臣との密室での会話、総務大臣と金融庁長官の面談日程、行政処分の方向性などだ。

鈴木康雄は三浦の聴取に対し、漏れた情報は「聞いた記憶がある」としつつ、「情報は自分から求めていない」と主張した。次官が情報を漏らす理由は「わからない。ショートメールで（情報が）ぱんと入った」と説明したというが、次官とのショートメールはすべて削除されていた。[*36] 情報漏洩が始まる８日前に２人が郵政本社内で40分ほど面談した記録もあったが、調査結果などの公表日程について話しただけだとされた。

三浦は、郵政首脳陣がすでに辞任の意向を固めていたため、責任の取り方に関する大臣との密談内容には興味がなかった、郵政側が知りたかったのは金融庁による業務停止処分の期間だったため、総務大臣と金融庁長官の面談日程や総務省の処分内容を聞くだけでは意味がなかった、という理屈を展開。漏洩された情報は価値がなく活用もされなかったと認定し、鈴木康雄が総務次官に情報提供を求める「積極的な理由は認められなかった」という結論を導き出した。

三浦は記者会見で「前次官がよかれと思って提供したのでは、と結論づけた」とも説明した。要するに、先輩から何も求められていないのに、現職の総務次官がバカみたいに勝手に忖度を働かせ、価値のない情報を一方的に持ち寄り、それがバレてクビになっただけ、ということになる。

欺瞞のように映る報告書が公表された後、高市は記者会見で疑問を呈し、次官が金融庁長官との面談日程を漏らした折に「その後も情報を提供すると先方に伝えていた」と明らかにした。また、総務省が日本郵便に出す業務停止命令期間が金融庁の停止命令期間と重なることから「日本郵政が知りたがっていた情報だったと思う」と反論もしたが、その高市も「一定のけじめをつけられたと考えている」と矛を収めた。[*37]

異常な組織風土を醸成した責任

菅義偉は総務大臣時代の人脈もいかし、日本郵政グループに対する圧倒的な権力を長年にわたって握りしめてきた。だが、郵政事業について菅が語ってきたのは、「トップは民間がいい」「民営化を推進すべきだ」といった次元の言葉ばかり。人事には首を突っ込み、高い集票力を誇る全国郵便局長会には格別な配慮をする一方で、グループ経営やガバナンス、ビジネスに対しては関心が薄く、深いこだわりがないように映る。その傾向は、菅の代理人と呼ばれながら経営中枢に長く居座った鈴木康雄にも共通している。

政治が企業経営に深入りすべきでないのは当然だが、菅は意に沿わない部下を人事で冷遇することを肯定し、経営者としての資質が疑われる人物を何人も郵政首脳陣に送り込んでは失敗を重ねてきた。「鈴木康雄と局長会に怒られないこと」を最も重要な使命にして媚びへつらうグループ幹部を引き立て、不正が横行しても目をつぶる異常な組織風土を醸成した責任は、菅自身が存分に負っている。

郵政一家の「悪習」

総務事務次官による情報漏洩という前代未聞の事件も、本来なら組織の改善につながる「チャンス」となるはずだった。

どんな問題があったのか。問題の背景や原因は何だったのか。本気で調べ上げて対策を講じたなら、健全な組織に生まれ変わるきっかけをつかめたかもしれない。

しかし、クリーンなイメージの増田寛也をトップに据えてもなお、形ばかりの対応で臭いものにフタをかぶせる〝郵政一家〟の習性は変わらなかった。

誰が見ても病状は重いのに、原因をろくに調べることもなく、無理筋のストーリーでその場をごまかし、治療に取り組むこともしない。病気を治して組織を改善させるせっかくのチャンスを、自ら放棄したようなものだ。ここでも「鈴木康雄を傷つけない」ことによって「菅義偉に逆らわない」という動機が優先され、郵政事業の将来を後回しにしてしまったのではないのか。

実態から目をそらし、必要な対応を取らなければ、組織の腐敗は取り返しがつかないほどに深刻化する。その行き着く先を次章で見ていく。

＊1　総務省大臣官房秘書課作成２０１９年12月19日「監察結果報告書」
＊2　総務省関係者への２０２０年12月１日筆者取材
＊3　長門正貢２０１９年12月27日記者会見
＊4　高市早苗２０２０年１月22日ＢＳフジ「プライムニュース」
＊5　郵政関係者への２０１９年12月～２０２１年１月筆者取材
＊6　郵政関係者への２０１９年12月下旬筆者取材
＊7　朝日新聞２００５年６月11日付朝刊
＊8　朝日新聞２０１０年１月９日付朝刊
＊9　朝日新聞２００７年５月22日付朝刊
＊10　有田哲文・畑中徹『ゆうちょ銀行』１２４ページ
＊11　日本郵政２００６年11月30日「郵便局株式会社における郵便局のあり方についての基本的な考え方（新・郵便局ビジョン）」
＊12　朝日新聞２００６年12月22日付朝刊
＊13　菅義偉『政治家の覚悟』１５２ページ
＊14　朝日新聞２００６年１月25日付朝刊
＊15　朝日新聞２００７年４月３日付朝刊
＊16　朝日新聞２０１２年12月20日付朝刊
＊17　朝日新聞２０１３年５月13日付朝刊
＊18　郵政ＯＢへの２０２０年１月15日筆者取材
＊19　全国郵便局長会関係者への２０２０年３月筆者取材、「ＦＡＣＴＡ」２０１３年５月号
＊20　複数の郵便局長への２０１９年８月～２０２１年２月筆者取材
＊21　首都圏の旧特定郵便局員への２０２１年１月21日筆者取材

＊22　九州地方の元郵便局長への２０１８年９月14日筆者取材
＊23　日本郵便東京・東海支社の各社員への２０２０年４～８月筆者取材
＊24　通信文化新報２０２０年11月23日付
＊25　朝日新聞２０１９年９月17日付朝刊
＊26　会計検査院「平成28年度決算検査報告」、朝日新聞２０１７年11月９日付朝刊
＊27　日本郵政幹部・全国郵便局長会ＯＢへの２０１９年12月～２０２０年３月筆者取材
＊28　「ＦＡＣＴＡ」２０１７年６月号、「選択」２０１８年６月号など
＊29　総務省ＯＢ・郵政ＯＢへの２０２０年12月筆者取材
＊30　郵政グループ・日本郵便各幹部への２０１９年12月筆者取材
＊31　日本郵政グループ幹部への２０１９年12月下旬筆者取材
＊32　菅義偉２０２０年２月５日衆院予算委員会
＊33　日本郵政グループ幹部への２０２０年３月中旬筆者取材
＊34　総務省・日本郵政・自民党各関係者への２０２０年12月～２０２１年１月筆者取材
＊35　三浦亮太２０２０年５月25日「調査報告書」
＊36　三浦亮太２０２０年５月25日記者会見
＊37　高市早苗２０２０年５月29日記者会見

終　章

教訓——組織変革のカギ

大規模な不祥事を起こした巨大組織が演じたのは、危機管理の常道とは正反対の対応だった。

不正へと駆り立てられた現場社員には解雇を含む厳罰を科し、幹部たちは形ばかりの軽めの処分で済ませた。部署の名前を変え、新たな組織や会議をつくり、見た目は立派な再発防止策が示されたが、「幕引き」が目的と化し、組織の健全化という本来の目的が見失われている。

中途半端な検証でごまかしたツケが回り、社内では上層部への不信感が渦巻く。がんじがらめのルールで社員を縛りつけても、中身が変わらなければ、不祥事は新たな形で繰り返される。遠回りでも誠実に問題を検証し、根本原因を取り除くことが再建への近道なのに、日本郵政グループは別の方角へと突き進んでいる。

「失敗」といかに向き合うかで、組織は改善にもさらなる腐敗へも導かれる。組織改革のカギとなるのは、仕事のミスや間違いの取り扱い方を変えることだ。腐った組織で働く個人が取るべき行動とあわせて考える。

7・1　矛盾

バッドニュースを知らせてくれ

東京・大手町の商業地区「大手町プレイス」。日本郵政グループの本社機能が集約された高層ビルの22階、創業者の名前にちなんだ「前島ホール」で２０２０年１月６日、民間郵政で６人目のトップに就いた増田寛也が就任と年頭のあいさつに立った。

「今回の問題は、郵政グループ全体にとって、創立以来、最大の危機であると受け止めている。一刻も早く、全容を解明し、お客さまの不利益を解消する。二度とこのようなことが起きないような再発防止策を講ずるとともに、一歩一歩、信頼を回復していかなければならない」

さらに増田は、「折あるごとに古い自己を断ち切り、新たな自己として生まれ変わらなければならない」という世阿弥の言葉を引きながら、こう訴えた。

「当社にとってグッドニュースはあとで結構。バッドニュースこそ、すぐに知らせてほしい。

それをどう克服できるか。ぜひ心がけていただきたい」

「社内の常識が正しいかどうか。世間の非常識になっていないか。もう一度よく検証して前に進んでいく。ぜひとも危機感を共有して、この事態の解決を図っていこう」

バッド・ニュース・ファーストは、不祥事の兆候をつかみ、早めに芽を摘み取るための鉄則だ。[*1]問題が起きても矮小化するのが基本動作となっている郵政グループにとって、バッドニュースにきちんと向き合えるようになることが重要課題の一つだ。

ただ、バッドニュースを集めても、それが組織の改善にいかされなければ意味がない。有用な情報を届けてもいかされないと知れば、社員はバッドニュースを届けようとも思わなくなる。経営トップが社員から信用されることが組織改革の必須条件だが、増田への信用はその後、徐々に揺らぐことになる。

課題図書は渋沢栄一『論語と算盤』

都内の郵便局で働く50代の男性郵便局員のもとに2020年5月、分厚い封筒が届いた。[*2]

差出人は「かんぽ生命」。生命保険の参考書とともに、1冊のベストセラー本が同封されていた。日本の資本主義の父と呼ばれる渋沢栄一の著書『論語と算盤』（ちくま新書）である。不正の疑いがかかり、調査を受けたのは数カ月前。ビルの一室に呼ばれ、かんぽと日本郵便の調査員から事情聴取を受けた。男性は素直に〝容疑〟を認め、その場で書類にサインした。これが「調査協力」にあたると認められ、２週間の研修を受ければ保険募集を続けられることになった。

新型コロナウイルスの影響で、男性は「自局研修」という名のもと、自席で研修課題をこなした。課題の一つが、課題図書である『論語と算盤』の感想文を書くことだった。

〈本当の経済活動は、社会のためになる道徳に基づかないと、決して長く続くものではない〉

渋沢は同書で、道徳（論語）で人格を磨くことと、経済活動（算盤）で利益を追求することの両方が重要だ、と説いた。自分さえよければいいという考えではなく、誠実な振る舞いで他者を思いやるほうが、社会の繁栄につながり、結果的にビジネスもうまく回る。目の前の実績を優先して不正に走った郵便局員が読むには、適した本かもしれない。

男性も感想文に「今までの自分が恥ずかしい」「間違いがあれば声を上げられるようにしたい」などと書き綴った。ただ同時に、「これを本当に読むべき人は、もっと他にいるのでは」と思わずにいられなかった。

男性は保険営業20年以上のベテランで、3年ほど前から不正に手を染めた。異動した郵便局で上司から「これがウチのやり方だ」と半ば強要されたからだ。その郵便局では、支社に所属するインストラクターが不正の手法を教え、若い局員はそれが正しい勧誘と信じ込んで実践していた。

不正を働き、顧客に損をさせた自分が処分されるのは当然として、不正を扇動した上司や支社の社員にはお咎めがなくていいのか。

目的を見失った調査

上司の責任を厳しく問わない姿勢は、調査の仕方にも表れていた。

不正の調査は、2段階ある。一つは、かんぽ生命主導で顧客と郵便局員に事情を聞き、保険業法に基づく保険募集人への処分を下すための調査。処分内容は募集人資格の取り消しや一時停止、復帰にともなう研修などだ。もう一つは、日本郵便が人事上の処分をするための調査で、解雇や停職といった懲戒処分が視野にある。

関東や東海、東北地方で不正調査を受けた郵便局員十数人の話を聞いた限り、調査にはずさんさがめだつ。[*3]

かんぽ側の調査では、担当者は顧客の話をもとに〝容疑事実〟を固め、郵便局員を呼び出して聴取する。問題は、調査担当者の関心が、契約が法令・社内規則に違反していたかどうか、郵便局員が〝容疑〟を認めるかどうかといった不正の有無と認否に偏っていることだ。不正の動機については、「実績を稼ぐため」という定型的な答えを聞くだけで満足している節がある。

普通に考えれば、形式上は同じ行為による罪（不正）でも、私利私欲で犯した行為と、上司の指示に従った行為では、罰（処分）の軽重や対象が変わり、必要となる再発防止策も違ってくる。

ところが、かんぽや日本郵便では、不正と認定した郵便局員を処分すること自体が、調査の目的と化している。そのために処分が形式的になり、なんのために調査して処分をするのかという本来の目的が見失われている。

不正の調査では本来、動機や背景を丁寧に探ることが欠かせない。不正の手法をどのように知り、初めて手を染めるきっかけは何だったのか。不正な行為を周囲は知らなかったのか。

そうした観点が上司の関与や構造的な欠陥をあぶり出し、新たな教訓や再発防止のヒントを見つけることにもつながる。反対に、動機や背景を探らないようでは、不正事例から学ぶチャンスを失い、公正な処分をしないトカゲのしっぽ切りに陥りやすい。

不正を扇動した上司や上層部の責任が十分に追及されない懸念は、増田体制の発足当初から強く、報道陣からたびたび質問も出ていた。郵政側は「現場から申告があれば調べる」(日本郵便社長の衣川和秀)と繰り返していたが、かんぽに続く日本郵便側の調査でも、不正の動機や背景を熱心に調べる姿勢は見て取れなかった。

日本郵便では、懲戒処分を出す前に、処分対象者に「始末書」を書かせる。その書き方を指示する文面には「(不正の)動機・理由を背景も含めて(始末書に)記載して」と書かれてある。だが、現場の郵便局員はワンパターンな文章を書くだけで、上司の関与を訴えようとは思わなかったというケースもある。上司が始末書をチェックしたり修正させたりする職場もあり、「不正の動機や背景を調べる調査」として機能していたとは思えない。

あてにならない弁護士の助言

日本郵政グループが頼りにする弁護士たちの助言にも、疑問符がつく。

かんぽ生命は不正調査の手法や個別の処分判定について、「弁護士に相談しながら実施している」と強調し、処分対象となる郵便局員にも同様の説明をしてきた。

たとえば、不正を申告した場合に処分を軽くする「リニエンシー制度」。不正と疑われる契約が大量に浮上したため、調査の効率を上げる目的で導入されたものだ。

リニエンシーとは「寛大」の意味で、違反行為の申告を促すのが制度の目的。談合を禁じる独占禁止法では、調査前に申告することなどを条件に課徴金を減免する制度が導入されている。

かんぽの場合は、調査の開始後、すでに会社側が把握した〝容疑〟を認めれば処分を軽くする、という例がほとんどだ。これは「容疑を認めないと罰が重くなる」というプレッシャーをかけ、自白を引き出しやすくする効果が見込めるものだが、申告がなければ判明しにくい不正を明らかにするという元来の趣旨からは外れている。

さらに、かんぽでは、面談調査で一度は容疑を否認した郵便局員にまで、「このままなら重い処分になるが、証言を翻せば処分が軽くなる可能性がある」と電話などで言い含め、「反省文」の例文まで与えて否認の撤回を促し、1千人以上がこれに応じている。「面談では否定したが、後で考え直すと〜」といった反省文を提出した局員のなかには、「事実と違うのに仕方なく認めた」と訴える者も少なくない。

不正調査に詳しい専門家からは「虚偽の自白の誘導につながりかねない」との指摘も出ている。[4] あとで裁判沙汰になったときの備えとして「証拠」を得ることが優先され、実態を解明して公正な処分を下すという目的が後回しになっているのではないか。

話は少しそれるが、かんぽによる被害者への対応では、郵便局員が不正をしたと社内で認定しても、それを被害者には伝えないという運用がされていた。お金を返して「ご迷惑をおかけした」とおわびはしても、問題の勧誘が法令や社内規則に反していたかどうかは「言えない」というものだ。これで被害者の怒りが収まるはずもなく、のちに方針転換した。[5]

かんぽは当初、不正の有無を顧客に言えないのは「募集人のプライバシーに関わるためだ」（かんぽ生命社長の千田《せんだ》哲也《てつや》）というピントの外れた理由を説明していた。ヘタな理屈を優先し、常識から外れた顧客対応に走ってしまう。これも相談先の弁護士の意見に従ったものだったという。[6]

世の中の常識や経営ノウハウを無視した法律論しか語れない弁護士では相談先としても心許ないが、それがまともな意見かどうかの分別をつけ、必要な経営判断を下すのが経営陣の仕事ではないのか。判断を弁護士に丸投げするようでは経営陣は失格だ。

ちなみに、郵政グループの取り巻きには、検察出身の弁護士が多い。グループの社外取締役の座にも複数の元検察幹部が就いているが、保険勧誘の不正を防ぐ仕組みはつくれず、問題がテレビで報じられたあとも不正の拡大を止められず、社会問題化したあとの危機対応も不十分だった。まともな株主がいる上場企業なら、その資質や能力が疑問視されるところだ。

グループの内部通報制度で「社外通報窓口」を担う弁護士事務所も、グループ従業員の信用を失い、通報制度を機能不全にさせた責任の一端を負っている。それが何の説明もなく業務を続けていても、通報制度がまともに機能しないのは火を見るより明らかだ。

「ノンキャリの星」の告白

２０２０年９月下旬にあった日本郵便東京支社の電話会議で、同支社長で執行役員も務める荒若《あらわか》仁《ひとし》が現場社員に向けて、一連の問題を振り返った。[*7]

「お客さんに迷惑をかけ、利益にならないとわかっていても、しょうがなく成績のために（不正を）やった社員もいるでしょう。若手の社員には、先輩方に『こういうやり方で新規を取るんだ』と教え込まれ、それが当たり前の感覚になって、悪いこととも思わずにやっていた社員もいるでしょう」

「最大の原因は、会社の方針ですよね。世の中に合わない、お客さんのニーズに沿っていない営業、新規獲得の旗を振っていたということが最大の原因だろうと私は思っています」

経営幹部にしては珍しく、まっとうな問題認識を示したものだ。還暦となる荒若は旧郵政省のキャリア官僚ではなく、「ノンキャリの星」と呼ばれるたたき上げ。郵便物流の経歴が長く、東海、近畿の支社長も歴任している。その荒若が続けた。

「私は２０１６年に東海支社長になって初めて金融も携わった。言ってみれば素人だった。東海支社長の時代も、近畿支社長のときも、新規獲得に向けて旗を振っていた。現場で数字を上げるため、いま問題になっている事案が一部でなく、広がりを見せていた。募集手当のルール、マエサンアトロクという制度に問題があることに気づくのも、私自身は遅かった。いくら目が行き届いていなかったとしても、新規獲得ってそんなにポンポンできるもんじゃないって、すこし考えればわかることだ。現場でいろんな苦労があって、いろんな歪みがあることに、早々に気づくべきだったと大反省している。本社に現場の苦しみとか、そういう実態を伝えて是正できるポジションにいたのにできなかったことについて、おわびを申し上げないといけない。本当に申し訳ありません」

ここまではノンキャリ幹部による率直な反省の弁と受け取れる。

様々な分野を受け持つ支社長が「気づかなかった」というのは、まだ理解できる。だが、金融部門を受け持つ本支社の幹部たちは、不正が横行する実態を相当程度は知りながら、無理筋なノルマを何の戦略もなく下へ下へと押しつけていた疑いが濃厚だ。そこに大鉈《おおなた》を振るうべき立場にいるはずなのに、荒若はあっさりと話をずらした。

「どうか、もろもろの歪みというか、やるせなさというか、納得のいかないものをいったん脇に置いておいて、お客さんのほうを見ましょう。心を一つにしていければ、と思っています」

「会社として皆さんにご迷惑をおかけしてしまったことも大変心苦しいですが、ある意味、理解してのみこんでいただくということになるんだろうなと思っています」

組織を包む不祥事対応の矛盾が、この言葉に凝縮されている。

７・２　抜け道

ウソをついたもの勝ち

不正に関与したとして懲戒処分を受けた現場の郵便局員数は、２０２０年11月30日時点で１１７３人。懲戒解雇は25人、停職が13人で、残りは減給、戒告、訓戒などだ。[*8]

一方、懲戒処分された局員の上司への処分は４９９人。ほぼ全員が「実態把握が不十分」「指導が不十分」といった処分理由で、訓戒や注意といった軽めの処分で済んだ。日本郵便の説明では、数人が「パワハラ」やその関連で停職や減給などの処分を受けたが、部下の不正を「知っていた」と認めた上司はゼロ。翌月に１人だけ認めた郵便局長が現れたというが、処分を受けたほぼ全員が「不正があるとは知らなかった」と主張していることになる。

郵政グループはこれとは別に、日本郵便・かんぽの両社長を含む本支社幹部３７８人の処分を２０２０年７月に発表した。両社の担当幹部３３９人は戒告などの懲戒処分、執行役員39人は厳重注意・報酬減額の処分とした。こちらも「実態把握の遅れ」や「対応の不十分さ」が処分理由で、「まさか不正が横行しているとは思わなかった」という前提は同じだ。

特別調査委員会のアンケートで、不正を自白した郵便局員の7割が「上司も知っていた」と訴えたことと比べても、処分の前提となる〝事実〟が間違っているのではないか。

ウソの前提事実で現場に厳罰を科し、上司や上層部への追及を怠ったツケは大きい。しらを切って厳罰を免れた上司や上層部が昇格し、要職にも就いていく様が、すでに組織のあちこちで起きている。その状況は、結局、不正を認知しても無視して知らんぷりをしたほうが得なのだと、ウソをついてでも自分の身を守ったほうがいいということを、暗に示して広めているも同然だ。

組織風土は改善するどころか、さらに悪化していく恐れがある。

「第三者の目」が欠かせない

一連の不祥事にケジメをつけて再出発するには、遠回りになっても、第三者によるまっとうな検証をやり直したほうがいい。

混迷の事後対応のもとにあるのは、自身の罪や責任を軽くしたい旧経営陣によって選ばれた特別調査委員会の調査報告だ。上層部と本支社の担当ラインへの調査や斬り込みが不十分で、安易に「実態を把握していなかった」と認める一方、現場での不正行為だけは明確に認定したのだから、現場にだけ厳罰が科される処分は当然の帰結とも言える。

問題の発覚時に比べれば、検証作業はより効率的に進められる。

現場への調査は、処分対象となった郵便局員を集中的に行えばいい。不正手法について初めて認知した場面や時期と合わせ、不正について具体的に共有していた上司や同僚の有無を確かめる。「上司の関与を言えば処分が軽くなる」のではなく、「上司の関与を隠したのがあとでわかれば処分を重くする」というのが調査の目的には適《かな》っている。

他の社員からも、不正を把握して上司や支社に知らせたり、内部通報したりしたケースの情報を重点的に集める。具体的な情報に絞って中身を精査し、相談や通報の行方を追っていくといい。

最大の焦点は、本支社で処分された３００人余りの認識がどのようなものだったかだ。本支社の会議では、不正の実態をうかがわせる「兆候」があちこちに表れていた。それに接しながら、被害者を助けようと企図せずに弥縫策《びぼうさく》で切り抜けようとしたのはなぜなのか。

実態の解明には、彼らのメールなどを解析するフォレンジック調査により、当時の問題認識を探る作業が有効だ。有能な元キャリア官僚が保身のために塗り固めた後付けの理屈を切り崩し、集積したデータによって論破するだけの技量と胆力が、第三者調査を託すメンバーには求められる。

まったく同じ問題が、ゆうちょ銀行の不正引き出しや投信販売での不正をめぐる不祥事対応にも横たわっている。中枢幹部が被害者の存在を認識しながら、長期にわたって放置する構造がどのように築かれているのか。問題を矮小化したり隠そうとしたりした行動がどのように生じて膨張していくのか。いまだベールに包まれた核心部分を、第三者の目によって明確にするといい。

問題の核心部が明らかになれば、根本の原因も見えてくる。簡単に治る病気ではないとしても、必要となる薬や措置が特定できる。そうした作業を地道にこなすことが、事業の再建と信頼の回復を進める唯一の道だ。

形だけ変えても意味がない

かんぽ問題を受けて策定された日本郵政グループの業務改善計画には、再発防止に向けた施策が１４４項目も並ぶ。ただ、めだつのは保険営業の「録音」のような物理的な対策や、組織の改名や新設といった形式的なものだ。現場社員による身勝手な暴走を、上司や上層部が止められなかったという「誤った前提」をもとにつくられた対策だとすれば、肝心の「中身」を変えられるかは心許ない。

新たな制度や組織をいくらつくっても、不正を働こうという意思が芽生えれば、新たな抜け道が必ずまたできる。ゆうちょ銀行で大勢の管理職社員が、不正防止のチェックシートにウソの記録を書きまくった例を見ても、がんじがらめの防止策に効果がないことははっきりしている。立派な組織をつくり、名だたる経営者や大学教授、元検察幹部を座らせているだけでは、不正が拡大して社会問題化するのを止められないことも見せつけられた。

そもそも郵政グループは保険の不正勧誘をめぐり、新たな不正防止策を導入して更新を重ねては、その網をかいくぐる手法が編み出されて広まるという「いたちごっこ」を続けてきた。問題が浮上しては「課題」や「研修」をノルマのようにこなし、チェックシートの体裁を不備なく整えること自体が目的化し、真のコンプライアンスは浸透しなかった。いまの業務改善計画だけでは無駄な労力と負担を増やすだけで、不祥事が別の顔をしてやってくるのを防げない恐れがある。

それでも日本郵政グループは２０２０年10月から、金融営業再開の封切りとして「顧客へのおわび活動」を始めている。一部の郵便局では、このおわび活動をめぐっても「アポ件数」や「チラシ配布枚数」がノルマのように求められている。心にもないおわびが「顧客不本意」で進む状況が、変革のチャンスを逸したことを物語っている。

7・3　不祥事を繰り返す日本企業の「共通項」

本音で語れているか

企業不祥事に詳しい弁護士の國廣《くにひろ》正《ただし》は、再発防止策が形骸化してコンプライアンスが根づかず、不祥事も繰り返す「真面目な日本企業」のパターンとして、こんな特徴を著書で挙げている。[*9]

・詳細で厳格な社内規定を多く作り、法令やルール違反の有無にこだわる形式的で網羅的

な対応を何重にも積み重ねている

・発生した個別問題に対する事後的な対応を偏重している

・ルールを作る側の都合が優先され、現場の実情を軽視したアリバイ的な対応になっている

これらの指摘は、不祥事を繰り返してきた日本郵政グループにも当てはまる。

また、日本企業による不祥事の共通項として、①場の空気に流されてみんなで赤信号を渡ってしまう「同質性」、②答えが決まっている教科書のようなコンプライアンス施策を現場に押しつける「真面目さ」、③外部からの視点が抜け落ちた危機対応をする「内向きの視野」といった特徴も挙げられている。

こうした旧来型の日本企業にコンプライアンスを根づかせるためには、「日々変化するリスクへの柔軟な対応」が必要であり、現場と経営陣との間で建前ではない「本音の対話」を重ね、ステークホルダーの代弁者となる外部人材から遠慮のない（空気を読まない）意見を積極的に取り込むことが有効だと説いている。[*10]

日本郵政社長を引き継いだ増田寛也も、そうした基本セオリーを実践しようと、社長直結

の目安箱をつくって社員の声に耳を傾け、外部有識者による「JP改革実行委員会」を立ち上げ、懸案を議論して改善を図る舞台も用意した。改革に向けた「形」だけは整備されたわけだが、そこで「本音の対話」が生まれ、中身のある改革が実行できるかはまだ見通せない。

前出の日本郵便東京支社長の言葉には、彼なりの「本音」が表れているように思えた。そこへ現場社員からも本音がぶつけられて白熱した議論に発展していくなら、組織として向かうべき方向性が見えてくる可能性はある。

一方で、郵政グループの経営中枢では、すこし前まで日本郵便の保険営業で過剰な目標を推進した当の元金融担当幹部が、一連の不祥事を受けた「組織風土の改革」を担っている例もあり、社内の顰蹙《ひんしゅく》を買っている。内部通報で問題が疑われるコンプライアンス担当役員も、そのまま責任者の座に居続けている。

個人的には、いわくつきの人物に〝あえて〟改革役を背負わせるのも悪くはないと思う。だが、少なくとも彼らの魂がこもった「本音」や「悔恨」が聞かれるまでは、社員がついていく気にはなれないのではないか。

問題の根っこは幹部にある

組織的な不祥事を起こした会社ではっきりさせないといけないのは、心を入れ替えて生まれ変わらないといけない人間が、経営層や上層部のほうに多くいる現実だ。

日本の大企業で相次いだ不祥事を振り返っても、同じことが言える。不正が長期にわたり広く蔓延する不祥事では、不正と認定される実行行為は現場の社員によるものであっても、不正が誘発される仕組みをつくり、不正の兆候に見て見ぬふりをしていたのは、担当ラインの相当上の役職にまで及んでいることが多い。上層部によって不正の動機がつくられ、黙認もされていたようなもので、当然、上層部の責任は極めて重い。そのことを経営陣が明確に認めたうえで、反省して出直す気概を示さないと、社員はついていけない。

日本郵政グループではわずか1年半余りの間に、かんぽ保険の不正販売、内部通報制度の機能不全、ゆうちょ銀行の不正引き出しと投信販売不正、NHKへの報道弾圧、総務次官の情報漏洩と癒着など、幾多もの不祥事が発覚した。相次ぐ切手の横領や持続化給付金の不正申請など、紙幅の都合で本書では紹介しきれないものも多々あるのだが、共通するのはグループ各社の本社を中心とする「幹部の問題」が根っこにあることだ。

本書では、問題があってもまずは見て見ぬふりをする、自分に責任が及ぶことは矮小化したりあわよくば隠そうともしたりする、ミスや失敗があっても理屈を並べて正当化しようとする、そうした究極の「事なかれ主義」を大きな特徴として挙げた。

幹部や組織がミスや間違いを認めずに言い訳をかますうちに、問題や被害が膨らんで大規模な不祥事に発展するのが基本パターンである。問題を矮小化しようとしてつくり上げた「理屈」が、無理を通すうちにとんでもない「屁理屈」に変貌し、いつのまにか「末恐ろしい常識」がまかり通るようになる。それが不祥事の発覚を機に判明することによって、企業の信用が著しく貶められる結末へと導いていく。

「形」にこだわり、「やっている感」に満足する「形式主義」も、不祥事を育む温床だ。仕事や働くことの本来の「目的」を見失い、目の前の「アリバイ」をつくるために奔走することで、気づかぬうちに重大な不正に加担していた、というのが幹部たちの実情ではないだろうか。

グループの主要幹部ポストの大半を旧郵政キャリア官僚が占めているという特殊事情もある。政治に翻弄され、郵便局長に特別な配慮を施す弊害もある。そうした問題を一つずつ俎上にのせて解きほぐし、変えていくべき課題を特定していかなければ、経営幹部の間にまで深く根ざす企業体質を改善するのは難しい。

7・4　日本郵政の〝壮大な失敗〟から学ぶ

「エラー」を「大エラー」にしないために

日本郵政グループによる壮大な「失敗」から浮かび上がるのは、「ミス」や「間違い」との向き合い方がいかに大事かということだ。

ミスや間違いが起きたときに、隠したいと思うことは自然な心情で、誰にも身に覚えはある。ミスや失敗を厳しく咎めるような職場では、隠したいという動機が一段と強まる。形式主義に陥っている郵便局の現場は、その典型だ。

だが、すこし考えれば、どんな仕事にもミスや間違いはついて回る。果敢に働けば、ミスが起きる確率は上がる。環境の変化に応じて新たな仕事に挑めば、それだけ間違いも起こりやすい。年功序列で失点主義の古くさい組織では、前例踏襲で何もしないほうが安定的に出世できる場合もあるだろうが、それでは民間の営利企業はどこかで行き詰まる。

トライ・アンド・エラーという言葉が象徴しているように、エラーがなければ仕事の変革は生まれない。ミスや間違いを否定するばかりでは、挑戦への意欲をそぐことになる。

そこで、発想を思い切って変えてみる。仕事上のミスや失敗は「チャンス」だととらえるように、個人や組織を変えていくことが望ましい。ミスや失敗には、課題を見つけて改善を図るヒントがきっと埋もれている。それは厳しく非難する対象ではなく、むしろ学習するための好機なのだと考えることで、矮小化して隠すのではなく、きちんと向き合い、大事な課題が埋もれていないかを探って学ぶ動機が芽生えるようにする。

エラーは課題を見つけるためのチャンスだと位置づければ、それを矮小化したり隠したりすることは、せっかくのチャンスを潰すことを意味する。そう考えれば、組織はミスや失敗が起きることには寛容となる一方、ミスや失敗をごまかしたり隠したりする行為は断じて許さないという姿勢でのぞむようになり、それがミスや間違いを恐れない挑戦を後押しすることにもなる。

ミスや間違いは「形」にとらわれず、理由や背景を含む「質」や「中身」を見極める。単純なミスや失敗なら、軽い注意喚起で済ませればいい。むしろ仕事の量や作業効率にまつわる課題や、顧客本位ではない事業の盲点が見つかる場合もある。課題が見つかり、改善が早ければ、その後のミスや失敗を減らすことにもつながる。

たとえエラーの中身が「悪質な不正」だったとしても、把握した時点から誠実に対応していれば、大事にはならないというのが危機管理のセオリーだ。大企業であれば、不祥事の一つや二つは必ず起きる。そうしたエラーが出たときに、速やかに公表し、課題を見つけて対策を講じていれば、一時の問題で終えることができる。不祥事こそ課題を見つけるチャンスだと前向きにとらえていれば、問題が広がる前に芽を摘み取り、大規模な不祥事へと発展していく事態を未然に防ぐことができる。

いま一度、本書の冒頭で紹介した坂部親子の事例を思い起こしてほしい。

親子が郵便局に被害を訴え、かんぽ生命の調査に事情を伝え、郵便局長にも手紙を送り、そしてテレビの画面でも報じられた一つの「エラー」は、組織が抱える深刻な問題に気づいて向き合う「絶好のチャンス」を幾重にも与えてくれていた。その好機をみすみす潰したことが腐敗の進行を加速させ、郵便局の信用を徹底的に失墜させる結果へ導いた最大の理由だ。問題なのは最初のエラーではなく、エラーを知りながらやり過ごした何重にもわたる「大エラー」にある。

残念ながら大規模な不祥事へと発展させてしまったとしても、それもまた「チャンス」ととらえるしかない。エラーをすくい上げることができなかったという深刻な問題に正面から向き合い、改善策を見つけてじっくりと改革に取り組むための「ラストチャンス」だ。この好機までみすみす逃すような組織に、明るい展望は開けない。

個人はどう戦うべきか

最後に、問題があるとはわかっていても、まだまだ変われないという粘り腰の組織も多い。伝統があって図体も大きい日本企業や、イエスマンばかりで異論を許さないようなワンマン企業は、とくに危ない。

経営陣や経営幹部のほうに「変わるぞ！」という強い意志がなければ、組織を変えたいと社員が願っていても、よほど強力なエネルギーによって強烈なショックが加わらなければ、状況の改善は望めない。

では、腐敗が進んで手もつけられないような組織に運悪く属している個人は、どのように振る舞い、抗《あらが》うべきなのか。現場の郵便局員たちへの取材を通じて考えさせられたことを、本書の結びに代えることとしたい。

まっとうな会社で働いていれば、問題を見つけたときの対処は、上司や同僚に相談し、改善に取り組むという単純な話で済む。上司や同僚に相談できない状況にも備え、内部通報制度のように、問題を知らせる窓口が用意されている場合も多い。

ところが、上司や同僚も不正に手を染めていて、組織が半ば黙認もしている。通報制度も機能不全に陥っている。よほどの重大事で証拠もそろっていなければ、捜査機関や監督官庁が重い腰を上げることは少ない。そんな状況に置かれた個人が、それでも声を上げて改善を図るべきなのか、見て見ぬふりをするべきなのか。決まった答えは存在しないし、正しい答えがあるかどうかもわからない。

何らかの不正をただすには、どんな立場であれ、相応の労力と手間をかける必要がある。リスクを完璧にゼロとするのも難しい。これは郵便局に限らず、企業の内部告発について相談やタレコミを受けてきた経験から、思わされることだ。

3つのポイント

私が取材のときに検討するポイントは、

① 不正がどれほど重大で深刻な問題なのか
② 問題提起しようとする不正についてどのように説明・立証できるのか
③ 情報提供者本人がリスクをどこまで背負えるのか

といったことだ。手持ちの材料や情報提供者の置かれた境遇、性格や覚悟によっても、勝ち目があるかどうかの判断は分かれる。

頭を冷やしてみることも役に立つ。当初は「これは問題だ!」と怒りに沸いた物事でも、落ち着いて見直してみると、「まあ、いいか」と思えるものも意外にある。ケンカ腰で追及するよりも、無難な解決策が見つかる場合もある。いっときの感情に押されて攻撃に出ることは控え、問題だと思う物事の真の価値（筆者にとってはニュースバリュー）を冷静に推し量るほうがいい。

重大で深刻な問題が横たわっていて、外部からの厳しい追及が必要だと考えられる場合には、その問題について説得力のある説明をするための「材料」がどれだけそろうかを検討する。万一にも告発した内容が事実と認められない事態に陥れば、不正を追及する側が痛手を負いかねない。誤解や誤認がないかどうかをよく点検し、不正に手を染める側から否認されたとしても、反証して第三者に事実と認めてもらえるだけの材料をいかに集められるかが肝となる。

不正の追及は、追及される側とのケンカのようなものだ。勝てるケンカと見込めなければ、仕掛けないほうがいいと、個人的には考えている。証拠という名の「武器」を事前にどれだけ用意できるか、手にした武器にどれほど威力があるのかが、ケンカの行方を決する。武器が豊富で強力であるほど、ケンカの仕掛け方も選択肢が広がり、リスクの度合いも変わってくる。ケンカの戦略を練るだけなら、リスクはほとんどないので、どんどん進めてほしい。

ただ、どれほど強い証拠があるとしても、リスクをゼロにすることはできない。告発が表面化すれば、職場には疑心暗鬼が生まれ、抵抗や反動も起きる。関係する集団に属する限り、告発への関与を疑われる可能性も完全には消せない。疑われるリスクをできるだけ小さくし、いざというときに対処するためのノウハウも駆使して配慮を尽くすものの、たとえば疑われる状況に直面してもうまく言い逃れようというくらいの度量や覚悟が必要な場合もある。

リスクを避けて不正をやり過ごしたり、組織から逃げ出したりするという選択肢も、決して悪いことではない。同質性が強く異論も許さない集団では、まともな感覚で声を上げる者のほうが排除されて潰される恐れがある。実際、郵便局の現場でも心が壊れて職場を追われる者、疎まれて閑職に追いやられる者が少なくなく、不幸にも命を落としてしまうケースがあることを、取材の過程で少なからず聞いてきた。

くだらない集団や組織のために取り返しのつかない傷を負うくらいなら、そうなる前に見切りをつけ、泥舟から抜け出す選択肢を考えるほうがいい。別の職場や人生を探ってみるだけでも、気持ちを和らげたり、現状を冷静に見直したりできるようになることもある。

どんなケースや選択にも当てはまることは、ひとりで思い悩みすぎず、問題を長く抱えて引きずらないほうが賢明だということだ。職場に相談相手がいないのなら、家庭や酒場で愚痴るだけでもいい。思い悩むことを誰かと共有することは、感情を沈める効果に加えて、「普通の感覚」や「社会の常識」に照らして、抱えている問題の真価を推し量ることにも役立つ。結論を急ぐ必要もない。最終的にどんな選択をするにしても、ひとりで抱え込むよりはずっと納得感のある道を、きっと歩んでいけるはずだ。

＊１　國廣正『企業不祥事を防ぐ』１８３、１８４ページ
＊２　都内の50代の郵便局員への２０２０年８月４日筆者取材
＊３　郵便局員らへの２０２０年１～８月筆者取材
＊４　朝日新聞２０２０年９月23日付朝刊
＊５　朝日新聞２０２０年７月１日付朝刊、藤田知也「日本郵政を堕落させたのは誰か？」文藝春秋２０２０年３月号
＊６　複数のかんぽ幹部への２０２０年２～６月筆者取材
＊７　郵政関係者提供２０２０年９月24日日本郵便東京支社電話会議音声データ
＊８　日本郵政・日本郵便・かんぽ生命保険２０２０年12月14日「募集人及び当時の管理者に対する処分状況」
＊９　國廣正『企業不祥事を防ぐ』１３３、１３４ページ
＊10　国廣正『企業不祥事を防ぐ』１３８～１４１、３２０～３２２ページ

あとがき

総務省の中枢幹部たちが、所管する業界の有力企業から繰り返し接待を受けている――。

週刊誌でそう報じられた幹部たちの最初の釈明は、「相手が利害関係者とは思わなかった」「（所管する）放送の話はしていない」「他の事業者からの接待は一度もない」というものでした。問題の発覚後に一時しのぎの屁理屈を並べることが、取り返しのつかない不祥事の「火だね」となることを、エリートの彼らでさえ思い起こせなかったのかもしれません。

総務省が牛耳る電波の割り当ては、放送や通信の事業経営に直結するため、各社の渉外担当にとっては、役所と良好な関係を築いて維持することが最重要任務です。あいさつに始まり、情報交換や勉強会を重ね、夜の会食に誘い出すのも基本動作のひとつ。そこで放送の話が出ないはずなどなく、総務省幹部が相手の素性を知らないというのも不自然な話です。

実態は、小さなムラのなかで「なれ合い」が生じ、本来なら割り勘できれいに飲み食いすべきところを、甘えてごちそうになったり、総額を聞かずに一定額だけ置いたりするのが常態化していたのでしょう。実際、「『全部でいくら？』『きっちり割り勘』とは言いにくい」と漏らす幹部もいました。それならそうと、問題発覚の直後から、会食の精算がずさんになっていたと認めて反省すれば、これほど大きな問題にはならなかったはずです。

ＮＴＴからの高額な接待が判明した総務省事務方ナンバー２の谷脇康彦《やすひこ》・総務審議官（当時）に至っては、懐石料理とともに高級なワインや日本酒を振る舞われながら、５０００円の会費を渡したことを根拠に「応分負担（割り勘）」だと主張し、のちに会費さえ払わない違法な接待を受けていたことも判明しました。総務省の信用を失墜させているのは、接待を受けた事実よりも、おかしな理屈で自己弁護を図ろうとする行為のほうだと私は思います。

危機管理で大事なことは、判明したエラーときちんと向き合い、誠実に対応できるかどうか。対応を間違うこと自体が信用を損ねるということを、日本郵政グループが体現して教えてくれていたのに、同じ旧郵政省採用の総務省幹部たちが学習できずに、同じ失敗を再演してしまったのは残念でなりません。

不祥事にまみれた郵政グループは、猛烈な批判を浴びて経営トップが代わり、組織が変わったところも確かにあります。問題があっても隠さずに経営幹部へ知らせ、公表して対処する行動が増えました。常識に照らして間違ったものは改善しようという意識が、多少なりとも強まった感もあります。

　しかし、保身のために事実を歪め、問題を先送りする例は、まだまだ埋もれています。郵便局長に関わる人事体系を筆頭に、常識ではあり得ないアンタッチャブルな慣行が、声も上げられずに温存され、どうせ変わらないという諦観が広まっている。組織を腐敗させている根っこの部分をごまかしながら先に進もうとしても、明るい展望は開けない。これは不祥事の事後対応に失敗し、不都合な習わしを残すどんな組織にも当てはまるでしょう。

　新聞や雑誌で厳しい論調の記事を書いていると、企業不祥事に詳しい複数の弁護士からは「批判や追及ばかりだと、元役人は意固地になって保身に走る」「責めるより改善点を優しく聞き出すほうが、核心部に迫りやすい」とアドバイスされました。そうかもな、と頭では納得しつつも、貯金を奪われ、保険を売りつけられた人たちの顔や境遇を思い浮かべると、悲鳴を無視して暴走した組織に向ける言葉はどうしても刺々《とげとげ》しくなってしまいます。

　そんなことを考えていた２０２０年秋、光文社新書の小松現さんから、「失敗学」という本書の仮題を耳打ちされました。郵政の再建や将来をまじめに考えるよりも、次々と沸き起こる不祥事から浮かび上がる「教訓」のほうに目を向ける。郵政のためではなく、日本特有の文化と組織のもとでいきる人たちのために。私が所属する老舗の新聞・出版業も、決して他人事ではありません。学ぶところの多い格好の素材として見つめ直してみると、日々の報道にも広がりが出てくる気がしました。

多くの郵便局員や局長、グループ幹部、そして総務官僚からも、貴重な情報や意見を数多く提供いただきました。そのすべてが本書の糧となっています。感謝の念とともに、皆様の働き方や生活が有意義で豊かなものとなるよう祈っています。

私自身は２０１９年の夏、朝日新聞経済部の特報でかんぽ問題が炎上しているさなかに、郵政取材に加わりました。地道な取材と報道をともに積み重ねる同僚たち、のびのびと働ける環境を与えてくれる経済部の上司や先輩がいなければ、ひとつのテーマにここまでのめり込むことはできませんでした。ライターにとっては相当に恵まれた職場だと自覚し、感謝もしながら働いています。

本の企画や原稿に助言と励ましをくれる元「週刊朝日」副編集長の河野正一郎さん、出版のきっかけを作ってくれた朝日新書の大場葉子さんにも、心よりお礼を申し上げます。

コロナ禍で仕事や働き方のありようが変わっても、組織に蔓延る問題をあぶり出して改善をはかる営みが大切であることに変わりはありません。「さざなみ」程度の微力ではありますが、変化のきっかけとなるニュース報道に、もうしばらく邁進したいと思っています。

藤田知也

2021年3月

筆者への情報提供や内部告発、不正追及の相談は
下記までお寄せください。

fujitat2017@gmail.com

参考文献

朝日新聞経済部『かんぽ崩壊』朝日新書、２０２０年１月

有田哲文、畑中徹『ゆうちょ銀行』東洋経済新報社、２００７年９月

井手秀樹『日本郵政』東洋経済新報社、２０１５年４月

伊藤真利子『郵政民営化の政治経済学』名古屋大学出版会、２０１９年11月

円応正記『実録　特定郵便局長さん』新風舎、２００６年10月

國廣正『企業不祥事を防ぐ』日本経済新聞出版、２０１９年10月

坂部篤志『かんぽ問題の真実　たった一つの投稿から社会問題になった舞台裏』電子書籍、２０２０年３月

柴田秀並『生命保険の不都合な真実』光文社新書、２０１９年12月

竹中平蔵『構造改革の真実　竹中平蔵大臣日誌』日本経済新聞出版、２００６年12月

町田徹『日本郵政　解き放たれた「巨人」』日本経済新聞出版、２００５年11月

山脇岳志『郵政攻防』朝日新聞社、２００５年12月

週刊東洋経済「保険の罠」『週刊東洋経済』２０１８年11月24日号

週刊東洋経済「かんぽの闇　金融商品の罠」『週刊東洋経済』２０１９年８月31日号

週刊東洋経済「郵政崩壊」『週刊東洋経済』２０２１年２月13日号

日本郵政ガバナンス問題調査専門委員会「報告書」２０１０年５月

かんぽ生命保険契約問題特別調査委員会「調査報告書」２０１９年12月

かんぽ生命保険契約問題特別調査委員会「追加報告書」２０２０年３月

朝日新聞・朝日新聞デジタルでの日本郵政グループに関する各記事

■郵政事業の歴史と最近のおもな出来事

年月日	事　項
1871年	郵便事業（東京―大阪・京都間）開始
1875年	郵便為替・貯金事業開始
1885年	逓信省創設
1916年	簡易保険事業開始
1926年	郵便年金事業開始
1949年	郵政省発足
1985年	郵便貯金現在高100兆円
1997年	橋本政権で中央省庁再編と郵貯資金の自主運用を決定。簡保資金100兆円
2001年	省庁再編で総務省、郵政事業庁が発足。小泉政権が誕生
2003年	日本郵政公社発足。初代総裁に生田正治が就任
2004年	小泉政権が郵政民営化の基本方針を閣議決定
2005年8月	郵政民営化関連法案が参院で否決。小泉純一郎が衆院解散し、翌月の総選挙で圧勝
10月	郵政民営化関連法案が成立、2007年10月の民営化が決定。日本郵政公社が投資信託販売開始
2006年1月	日本郵政株式会社設立。西川善文が初代社長に
4月	郵政民営化委員会発足
2007年10月	郵政民営化。日本郵政のもとで郵便事業、郵便局、ゆうちょ銀行、かんぽ生命が発足
2009年10月	日本郵政社長に斎藤次郎が就任
2012年10月	郵便局と郵便事業が統合して日本郵便発足

12月	日本郵政社長に坂篤郎が就任
2013年6月	日本郵政社長に西室泰三、同副社長に鈴木康雄が就任
2015年5月	ゆうちょ銀行社長に長門正貢が就任
12月	日本郵政とゆうちょ銀行、かんぽ生命の3社が東証一部に株式上場
2016年4月	日本郵政社長に長門正貢、ゆうちょ銀行社長に池田憲人が就任
5月	顧客の意向確認義務などを義務づける改正保険業法施行
6月	日本郵便社長に横山邦男が就任
2017年1月	かんぽ生命と日本郵便が「かんぽ募集品質改善緊急対策本部」設置
6月	かんぽ生命社長に植平光彦が就任
9月	政府が日本郵政株を売却、保有割合は57％に
2018年4月24日	NHKクローズアップ現代＋がかんぽ問題を報道
7月7日	NHKが続編に向けてネット動画配信
7月11日	郵政3社長がNHK会長に抗議文発出
8月2日	郵政3社長がNHK会長に2度目の抗議文。NHKは続編を延期
10月5日	郵政3社長がNHK経営委員会にガバナンス検証の申し入れ
10月23日	NHK経営委員会がNHK会長を厳重注意処分
10月30日	クローズアップ現代＋の特集でかんぽ問題に触れず
11月6日	NHK会長が郵政3社長に事実上の謝罪文発出
2019年4月4日	日本郵政がかんぽ生命株の売却を公表。23日に売却し、保有割合は64％に
5月28日	金融庁がかんぽ生命に乗り換え契約の問題で報告徴求

6月19日	総務省が日本郵便に乗り換え契約の問題で報告徴求
6月24日	朝日新聞が乗り換え契約問題を報道
6月27日	かんぽ生命が顧客に不利益を与えた疑いのある契約が多数あると公表
7月10日	かんぽ生命と日本郵便の両社長が記者会見で謝罪
7月14日	かんぽ生命と日本郵便が保険営業の自粛を発表
7月24日	日本郵政グループがかんぽ生命保険契約問題特別調査委員会を設置
7月31日	日本郵政社長の長門正貢が記者会見で謝罪。問題契約の調査開始を発表
9月11日	金融庁が日本郵政グループへの立ち入り検査を開始
9月13日	ゆうちょ銀行が投資信託販売で2万件近くの不正があったと発表
12月18日	特別調査委員会が調査報告書を公表
12月20日	総務事務次官が郵政側への情報漏洩で懲戒停職処分。同日付で辞任
12月27日	かんぽ生命と日本郵便に3カ月の業務停止命令、日本郵政に業務改善命令。郵政首脳陣が辞任表明
2020年1月5日	日本郵政グループの3社長と日本郵政上級副社長、日本郵便会長の計5人が退任
1月6日	日本郵政社長に増田寛也、日本郵便社長に衣川和秀、かんぽ生命社長に千田哲也が就任
1月31日	かんぽ問題で業務改善計画を公表。不正契約の追加調査を開始
3月26日	特別調査委員会が追加報告書を公表
4月2日	外部有識者5人によるJP改革実行委員会を設置
5月15日	グループ各社の取締役人事を公表。社外取締役の多くが残留
5月25日	日本郵政が総務次官の情報漏洩問題の調査結果を公表

7月29日	かんぽ問題で日本郵便・かんぽ生命の担当幹部３３９人、執行役員39人の処分を公表
9月15日	ゆうちょ銀行の不正引き出しで「ドコモ口座」以外の被害が明らかに
9月24日	ゆうちょ銀行の池田憲人が不正引き出しで謝罪。３年超の被害放置が判明
10月1日	総務省が不正引き出し問題で日本郵政を行政指導
10月5日	かんぽ生命の営業を全国の郵便局で再開
11月27日	土曜日や翌日の郵便配達を原則廃止する改正郵便法が成立
２０２１年1月8日	ゆうちょ銀行が不正引き出し問題で経営幹部の処分や口座振替の再開（13日から）を発表
1月29日	ＪＰ改革実行委員会が内部通報制度とゆうちょ銀行の不正引き出し問題の検証結果を公表
3月12日	日本郵政が楽天に約１５００億円を出資する資本業務提携を発表

本文図版制作　デザイン・プレイス・デマンド
本文写真　著者

藤田知也（ふじたともや）

朝日新聞記者。早稲田大学大学院修了後、2000年に朝日新聞社入社。盛岡支局を経て、'02～'12年、「週刊朝日」記者。経済部に移り、'18年4月から特別報道部、'19年9月から経済部に所属。著書に、『強欲の銀行カードローン』（角川新書）、『日銀バブルが日本を蝕む』（文春新書）、『やってはいけない不動産投資』（朝日新書）がある。

郵政《ゆうせい》腐敗《ふはい》　日本型《にほんがた》組織《そしき》の失敗学《しっぱいがく》

2021年4月30日初版1刷発行

著　者 ―― 藤田知也
発行者 ―― 田邉浩司
装　幀 ―― アラン・チャン
印刷所 ―― 萩原印刷
製本所 ―― ナショナル製本
発行所 ―― 株式会社光文社
東京都文京区音羽1-16-6(〒112-8011)
https://www.kobunsha.com/
電　話 ―― 編集部03(5395)8289　書籍販売部03(5395)8116
業務部03(5395)8125
メール ―― sinsyo@kobunsha.com

  ISBN 978-4-334-04536-4

光文社新書

1096
税金下げろ、規制をなくせ
日本経済復活の処方箋
渡瀬裕哉

日本が不況から脱出できないのは「税金と規制」の問題だ。この国では「増税はやむなし」なのか？　日本が打つべき手とは？　俊英の政治アナリストが、私たちに刷り込まれた洗脳を解く！

978-4-334-04503-6

1097
20年で元本３００倍　お金が集まる５つの原則
秋山哲

誰でも資産が増える投資商品とは？　優良な投資先に共通する３つの特徴とは？　元本３００倍の個人投資家が「投資」を中心に、お金の不安を解消する５つのルールを伝授する！

978-4-334-04504-3

1098
下町はなぜ人を惹きつけるのか？
「懐かしさ」の正体
三浦展

明治維新の30年後に「ふるさと」が注目され、敗戦の30年後に「下町」が発見された。工場の煙が立ち上る近代の象徴だった下町がノスタルジーの対象となるまでの実像を綴る。

978-4-334-04505-0

1099
山本太郎とＮ国党
ＳＮＳが変える民主主義
真鍋厚

彼らは本当に「ポピュリスト」と切り捨てていい存在なのか。この時代に彼らが国会で議席を得たのは偶然か。ＳＮＳ全盛時代の民主主義のあり方を問う、新しい切り口の政治論。

978-4-334-04508-1

1100
「宇宙の音楽」を聴く
指揮者の思考法
伊藤玲阿奈

時代の変化にどう柔軟に対応するか？　二〇歳を過ぎて音楽家への道を選び、ニューヨークで戦ってきた指揮者が綴る、成功と失敗の概念を超える「しなやかな思考」のつくりかた。

978-4-334-04506-7

光文社新書

1101

Ｚ世代

若者はなぜインスタ・ＴｉｋＴｏｋにハマるのか？

原田曜平

「Ｚ世代」は「ゆとり世代」と何が違うのか？ 世代人口が少ないにもかかわらず、彼らの発信力・拡散力はなぜ巨大なのか？「スマホ第一世代」を若者研究の第一人者が徹底分析。

978-4-334-04507-4

1102

教養としての腕時計選び

篠田哲生

そこかしこで時刻を確認することができる時代、人は何のために腕時計を身につけるのか。成熟した大人の身だしなみ、あるいは「教養」としてとらえ直し、時計選びのセンスを高める。

978-4-334-04510-4

1103

知らないと恥をかく「性」の新常識

齋藤賢

#MeTooをはじめとした近年の様々なムーブメントの分析や、多彩なアクティビストへのインタビューなどを通じ、「性」をめぐるこの国の現在地を鮮やかに抉り出すルポ&批評。

978-4-334-04511-1

1104

警察官の出世と人事

古野まほろ

「階級」だけでは見えてこない、複雑な「警察官の出世と人事」の仕組みを、元警察官僚のミステリ作家が徹底解説。企業の人事担当者、出世が気になるビジネスパーソンも必読！

978-4-334-04512-8

1105

定年前、しなくていい5つのこと

「定年の常識」にダマされるな！

大江英樹

年金は破綻しない、地域デビューは危険、夫婦で旅行もいらない……人気経済コラムニストが「不安に駆られてしない方がいいこと」を、経験と豊富な取材に基づき、5つの分野で具体的に指南。

978-4-334-04513-5

光文社新書

1106

人類はふたたび月を目指す

春山純一

今、月を目指す国や民間企業が世界で続々と現れている。日本の月探査計画に携わり、「月の縦孔の発見」で世界的に知られる著者が、探査や発見をめぐるスリリングな舞台裏を綴る。

978-4-334-04514-2

1107

見るレッスン
映画史特別講義

蓮實重彦

サイレント、ドキュメンタリー、ヌーベル・バーグから現代まで１２０年を超える蓄積と向き合い、作品の最も優れた瞬間で刮目する方法を、シネフィル教授が初めて新書で指南。

978-4-334-04515-9

1108

コロナ対策 各国リーダーたちの通信簿

栗田路子　プラド夏樹
田口理穂　冨久岡ナヲ
片瀬ケイ
クローディアー真理
田中ティナ

世界が一様にパンデミックに包まれた中、各国首脳の言動には大きな違いが。そしてその違いはコロナ禍の行方も左右した。7人の海外在住ジャーナリストが綴るリーダーの素顔。

978-4-334-04516-6

1109

洋画家の美術史

ナカムラクニオ

あちこちの美術館や切手で見たことはあっても、実はよくは知らない「洋画」の世界。画家たちの波瀾万丈な一生を追いながら、作品と近代美術史の流れをわかりやすく解説する。

978-4-334-04517-3

1110

相続地獄
残った家族が困らない終活入門

森永卓郎

ある日突然ふりかかり、一歩間違えると泥沼にはまる相続問題。自身の経験をもとに、今日からできる森永流・生前整理術を伝授する新時代の「相続の教科書」。

978-4-334-04518-0

光文社新書

1111
がんを瞬時に破壊する 光免疫療法
身体にやさしい新治療が医療を変える

小林久隆

新しいがんの治療法が世界で注目を集めている。どのような治療法なのか？　身体への負担や副作用は？　転移・再発の可能性は？　アメリカ国立衛生研究所の日本人開発者が初めて綴る。

978-4-334-04519-7

1112
誤読のイタリア

ディエゴ・マルティーナ

イタリア文化を見つめる旅は、日本文化を再発見する旅だ。夏目漱石など日本文学を愛するイタリア人が、文化の「誤読」と「正読」についてユーモアを交えて綴った心温まるエッセイ。

978-4-334-04520-3

1113
平成・令和 学生たちの社会運動
SEALDs、民青、過激派、独自グループ

小林哲夫

２０１０年代、学生による社会運動はどのように繰り広げられたか？　かつての学生運動と何が違うのか？　ＳＥＡＬＤｓから過激派まで長期にわたる徹底取材による闘いの記録。

978-4-334-04521-0

1114
いつまでも親がいる
超長寿時代の新・親子論

島田裕巳

人生１００年時代を迎え、私たちは「いつまでも親がいる社会」を生きるようになった。そこで新たに生じる親子関係の課題とは？「永遠のテーマ」を捉え直す、著者初の親子論！

978-4-334-04522-7

1115
死ぬまで噛んで食べる
誤嚥性肺炎を防ぐ12の鉄則

五島朋幸

誤嚥性肺炎の原因は唾液だった！　大切なのは「歯と歯が噛み合うこと」。訪問歯科のカリスマが口腔ケアの正しい知識を解説。口から食べることを諦めないことが、元気に繋がる！

978-4-334-04523-4

1116
日本のスポーツビジネスが世界に通用しない本当の理由
葦原一正

スポーツビジネスは特殊なビジネスではない。経営面でも海外で戦えるようになるために必要なものとは何か、スポーツに憑かれたB．LEAGUE創設の立役者が明かす熱きビジネス論。

978-4-334-04524-1

1117
大学教授、発達障害の子を育てる
岡嶋裕史

自閉スペクトラム症の息子と、自分もその傾向があった父親の日常生活奮闘記。職業柄、大量の文献を読み込み、医師、臨床心理士、役所、教師、そして世間とのズレに挑むが……。

978-4-334-04509-8

1118
渋沢栄一に学ぶ大転換期の乗り越え方
田口佳史

道徳なくして、ビジネスは成立しない。激変する時代を生きるビジネスパーソンのために、「渋沢栄一の生涯」と『論語と算盤』、そして『論語』をもとに「仕事の本質」を説く一冊。

978-4-334-04525-8

1119
資本主義から脱却せよ
貨幣を人びとの手に取り戻す

松尾匡
井上智洋
高橋真矢

「安心な生活」が失われているのはなぜか。それは〈経済の仕組み〉に問題があるからだ。経済学の論客二人と不安定ワーカーが、いま〝発明〟すべき「新しいストーリー」を提示する。

978-4-334-04526-5

1120
カラー版 王室外交物語
紀元前14世紀から現代まで

君塚直隆

時代遅れの遺物から、平和を支える存在に——現代に力を発揮する王室・皇室外交を、紀元前の中東から中世・近代の欧州、大戦前後の英王室へと辿り、日本の皇室のあり方も振り返る。

978-4-334-04527-2

1121

ルポ 婚難の時代

悩む親、母になりたい娘、夢見るシニア

筋野茜
尾原佐和子
井上詞子

住職がサポートする「寺コン」、親が相手を探す「代理婚活」、コロナ禍での「オンライン婚活」など、十人十色の婚活模様と日本人の結婚観を共同通信の女性記者三人が徹底取材！

978-4-334-04528-9

1122

未来は決まっており、自分の意志など存在しない。

心理学的決定論

妹尾武治

「我々の自由意志とは錯覚であり、幻想である」——心理学、生理学、脳科学、量子論、人工知能、仏教、哲学、アート、文学、サブカルを横断し、気鋭の研究者が世界の秘密に挑む。

978-4-334-04529-6

1123

ドレミファソラシは虹の七色？

知られざる「共感覚」の世界

伊藤浩介

「真っ赤な嘘」は、なぜ赤色？「いろいろ」は、なぜ「色々」？音や文字に色を感じる〝共感覚〟はなぜ生じるのか。気鋭の脳科学研究者による、ヒトの認知の不思議に迫るスリリングな一冊。

978-4-334-04530-2

1124

巨人軍解体新書

ゴジキ
(@godziki_55)

ファンもアンチも日本一多い球団、読売ジャイアンツの「勝利の哲学」とは。巨人軍の21世紀のスター選手たちを振り返りながら、パ・リーグへの対抗策を考える。

978-4-334-04531-9

1125

20世紀論争史

現代思想の源泉

高橋昌一郎

現代の思想を理解するためには、20世紀の偉大な知性が議論を重ねた諸問題を踏まえなくてはならない。「教授」と「助手」が時に対話しながら道案内を務める知の論争史。

978-4-334-04532-6

光文社新書

1126

運気を引き寄せるリーダー 七つの心得

危機を好機に変える力とは

田坂広志

「強運」のリーダーは、メンバーやチームにも「強運」を呼び込む。「運の強さ」は、誰でも意識的な努力で身につけることができる。先端科学に基づいた二一世紀の「新たな運気論」。

978-4-334-04533-3

1127

もしも、私が「がん」になったら。

81歳、現役医師の準備と決意

藤田紘一郎

81歳、免疫が専門の名物医師がとことん「がん」と向き合った。仕事は続ける？　治療は受ける？　改善すべき生活習慣は？　発症しても慌てない、嘆かないためのがん入門書。

978-4-334-04534-0

1128

お笑い世代論

ドリフから霜降り明星まで

ラリー遠田

芸人の「第七世代」という言葉が一般にも広まるなか、それ以前の世代が誰なのか、どのような変遷を経て現在に至ったのかを改めて振り返る。「世代論」で読みとく戦後芸能史。

978-4-334-04535-7

1129

郵政腐敗 日本型組織の失敗学

藤田知也

郵便事業の創業から一五〇年を迎えた日本郵政グループ。従業員四〇万人を超える巨大組織の実態は、「腐敗の構造」と究極の「事なかれ主義」だ。朝日新聞のエース記者が徹底取材！

978-4-334-04536-4

1130

「倫理の問題」とは何か

メタ倫理学から考える

佐藤岳詩

それは良いことか、悪いことか。これは正義か、不正義か—。日常がゆらいだときに現れる倫理の問題に、私たちはどう向き合えばいいのか。世界の眺め方が変わるメタ倫理学入門書。

978-4-334-04538-8